你的生活需要仪式感

三月楚歌 著

文汇出版社

图书在版编目(CIP)数据

你的生活需要仪式感 / 三月楚歌著. — 上海：文汇出版社, 2018.5
 ISBN 978-7-5496-2526-0

Ⅰ.①你… Ⅱ.①三… Ⅲ.①成功心理 - 通俗读物 Ⅳ.① B848.4-49

中国版本图书馆CIP数据核字（2018）第061954号

你的生活需要仪式感

著　者 /	三月楚歌
责任编辑 /	戴　铮
装帧设计 /	天之赋设计室
出版发行 /	文汇出版社
	上海市威海路755号
	（邮政编码：200041）
经　销 /	全国新华书店
印　制 /	北京季蜂印刷有限公司
版　次 /	2018年5月第1版
印　次 /	2018年5月第1次印刷
开　本 /	880×1230　1/32
字　数 /	152千字
印　张 /	8.5
书　号 /	ISBN 978-7-5496-2526-0
定　价 /	36.00元

自 序

你必须很努力,才能让生活充满仪式感

一

请允许我再狠狠地谈一次理想!

我知道现在社会上很多人已经不屑于谈理想了,你跟他谈理想,可能还感觉那是骂人的话。不少人无奈自嘲:"理想啊,早戒了。"但我还是要狠狠地谈,痛彻心肺地谈。

我把不愿谈理想的人分为两种。第一种人是年纪轻轻的,总是对社会有着诸多怨言,似乎是不如意的社会现状逼得他们放弃了理想。一般情况下,他们放弃理想的理由是为了赚钱,为了生存。不过,即便他们因此而放弃了理想,也未必见得在此之后更加有钱了。

对我而言,人越穷就越应该有理想,又穷又没理想,这样的人生一无是处。

第二种人，是追求了好几年理想，突然觉得累了，这样或那样的压力将他们重重包围，便颇觉人生无奈。就像几年前，一位四十岁的同事对我说："你们趁年轻还可以拼一下，我就不同了，有老婆有孩子，要养家糊口，不能任性了。"

我反问他："你好歹有老婆孩子了，人生大事至少完成了一大半。但是我呢，老婆孩子都还没见着，我要做的事情比你多多了，你凭什么说我没有压力，而你压力重重？"

对于理想，年龄从来都不是问题。

二

转眼间，我已过而立之年。曾经梦想靠写作扬名立万，也从写第一部小说到现在过去了十年。十年时间，我当过全职网络写手，进过工厂，当过基层公务员，当过语文老师，也待过央企，混过媒体，有过身无分文的窘迫，也有月收入三四万的辉煌。一直到三年前，我辞掉工作走进市井卖起了猪肉，这一卖，就是三年早五晚九的忙碌生活。

我也从一人吃饱全家不饿到成家立业，成为一位丈夫，成为一位父亲。

虽然生活如此波折，但我依然觉得，只要呼吸着人就应该有理想，就应该有一样东西，让你活在这个喧嚣的尘世中可以有片刻的安宁。可以有那么一样东西，让你不计得失，不染尘埃。一如《月亮与六便士》中说的，满地都是六便士，我们需要抬头看看月亮。

我知道生活都需要仪式感，如果觉得什么都没有意思，那就是万念俱灰。

因为生计，我曾经辗转大半个中国，但始终未放弃对于写作的热爱。一首诗，可以从北京读到上海，最后在广州读完；一篇小说，可以从山西写到陕西，又从云南写到河南，最后在重庆画上句号。哪怕万般波折不易，我从来没有放下手中的笔，因为这是我的月亮。

三

写作这么多年，我明白了一个道理：追求梦想的人，就算梦想不能实现，它也会悄悄以另外的方式给予补偿。

小时候，我经常跟着父亲上山。在出门之前，父亲总会告诉我，我们要到山里去做什么。但很多时候，到了山里，可能是运气不佳，让出门之前就定下的目标没有实现。

但是，父亲说："一个人只要愿意上山，总不会空手而归，待在家里才会一无所获。"

这些质朴的语言扎根在我的心底，让我明白行动的意义。

这本书，是我上山的意外收获，它告诉我，世界一定会奖励勤奋的人，哪怕它不是以你梦想的方式出现的。出发的生命才会充满可能性，需要深入其中走一遭，看看能带回来些什么。

工作是一种修行，修行需要态度，态度决定高度。这是稻盛和夫在其著作《活法》中的主要观点，他说："人哪里需要远离凡尘，工作场所就是修炼精神的最佳场所，工作本身就是一种修行。只要每天确实努力工作，培养崇高的人格，美好人生也将唾手可得。"

此时此刻，坐在电脑前，我是一名修行者。我想说：生活，谢谢！理想，你好！

目 录
Contents

第一辑　你的生活需要仪式感

这世界不会与你处处为敌　// 2

趁早把生活折腾得与众不同　// 10

我不愿过低配的生活　// 18

糊弄过去的，迟早会露马脚　// 28

极简管理的艺术　// 36

你拿什么去过想要的生活　// 48

所有的奋斗都是一种不甘平凡　// 60

那些比拼命努力更重要的事　// 69

别在吃苦的年纪选择安逸　// 80

既不甘堕落，又不思进取　// 89

你的生活需要仪式感　// 99

问题背后的问题　// 107

目 录
Contents

第二辑　你的坚持，终将美好

对别人用力太多是件坏事　// 116

和时间做朋友　// 125

我不过没有仪式感的生活　// 132

在社交场合，请收起你的手机　// 139

人生其实很短，别说后会有期　// 148

你的坚持，终将美好　// 159

世界必将狠狠地惩罚不善待身体的人　// 166

精进：如何成为一个很厉害的人　// 173

生活需要一些仪式感，与矫情无关　// 179

你可以没有野心，但不能没有职业尊严　// 188

活得那么廉价，就别奢望遇到贵人　// 195

我只是不愿意将就　// 202

目 录
Contents

第三辑 世界不曾亏欠每一个努力的人

世界不曾亏欠每一个努力的人 // 210
不能做出正确选择,是因为你不够专业 // 214
年轻可以犯错,但不是让你胡来 // 222
一切都是最好的安排 // 233
普通人更应该懂得经营自己 // 239
傻瓜才谈理想,成功者只讲目标 // 246
愿世间所有美好,都恰逢其时 // 254
生在这个时代,我觉幸甚 // 258

第一辑
你的生活需要仪式感

这个世界根本没有什么一蹴而就,也没有什么一夜成名,所有的高手都是百炼成钢。努力很简单,也很实在,它根本不是豪言壮语,也不是夸夸其谈,就一个字:干!

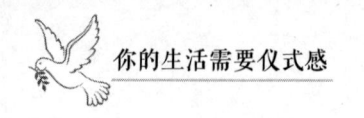

这世界不会与你处处为敌

1

我特别瞧不起那些长吁短叹怀才不遇、生不逢时的人：如果我早生三十年会怎么样，如果我晚生三十年会怎么样，如果我生在先秦战国又会怎么样，如果我生在美国又会怎么样等，将不如意的罪责全都推给了所处的这个时代，以为换个环境就能实现自己的抱负。

只不过，这样的假设往小了说是逃避现实，往大了说是想穿越回去当上帝。

别怪我刻薄！如果马上回到先秦，别说你了，以我现在所掌握的科学技术和各种经营理念，再加上对先秦历史的了解，估计统一中国的那个人就不叫嬴政了。换句话说，事后人人全知全能，充当诸葛亮都算委屈了。

再说了,我都不需要假设自己生在先秦、穿越大清,我只需要假设能穿越回到昨天,把六合彩、体彩等彩票号码全买了,瞬间就可以成为亿万富翁。如果我再贪心一点,甚至可以横扫世界股市,瞬间就可以坐上世界首富的宝座。

在我看来,所有抱怨时代的人,他们已经配不上"怀才"这个词了。因为,他们有大把的精力抱怨,却不去想办法如何让自己的才华与这个时代接轨,这本身就不是有才华的表现。

我们这个时代,是从古到今为止最好的时代,最伟大的盛世,尤其对那些想要展示才华的人来说,更是如此。

七八年前,我跟随一位书法家学了几天书法,他感慨地说:"现在学习的成本特别低。"

你可以感叹学不遇孔夫子,但如果你足够努力,愿意学习,你的机会和渠道一定会让孔夫子的七十二个得意门生,甚至孔老先生本人羡慕嫉妒恨,他们没有任何人赶得上你。

拿书法来说,在打印机和印刷机没有发明的时代,想要一睹伟大书法家作品的风采,何等艰难。众所周知,"书圣"王羲之的《兰亭集序》是连唐太宗都爱不释手的极品,其他凡人想要一睹为快简直是痴人说梦。至于那些王公大

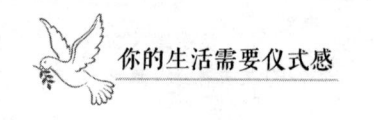

臣得一摹本便足以慰平生了，想看真迹，做梦去吧！

如若我们生在那个时代，别说想看看那字长啥样了，可能连作品的包装都见不到。但在这个时代，印刷术高度发达，即便见不到真迹，但一比一的复制品轻而易举就能得到。

每次我去旧书摊，张旭怀素，米芾苏轼，颜筋柳骨，小隶大篆，魏碑石刻，十元一本，想学谁学谁，爱模仿谁模仿谁。今天的我们真是特别幸福，不必像古人一样为了得到一本字帖，可能都要先奋斗半辈子，到手之后又再苦心钻研半辈子，等到略有所悟，已是两鬓斑白。

没错，我们可能遇不到像孔老先生一样的圣人做老师，但没关系，只要你真的热爱学习，每一座城市都有一座座包罗万象的图书馆，可以进去博览群书。就算你不想去图书馆，在这个信息时代，你还可以通过无所不能的互联网掌握世界。

就拿我比较熟悉的文学写作来说，在我们这个时代，思想和言论也是有充分自由的，至少我经常在论坛上看到一些激烈、尖锐或腐朽的文章，但我们的时代都给予了包容。

并且，现在展示才华的舞台广阔得犹如星辰大海。以前写文章，成功发表并没有我们想象的那么容易——想投篇稿件，写好后反复修改，重新抄写后装进信封、贴上邮票才能寄出去。少则十天半月，多则一年半载，你才能得到是否采用的消息，如果重新投稿，还得再抄一遍。

现在呢，邮件那么方便，复制粘贴或重新打印都可以，方便快捷，老少皆宜。

以前想搞文学，就是靠那几家刊物，全国的文学创作者都在争、在挤。现在有吞天吐地的网络平台，各种网站、公众号等都是畅所欲言的阵地。

没错，现如今的时代已然不同，它给予了我们更多的宽容和谅解。有才华的人更加能展示才华，一夜成名，如日中天，变成万众瞩目的全民偶像；没才华的人更加自惭形秽，一声叹息，大浪淘沙，人比人气死人。

对于那些有真才实学的人来说，他们生逢其时；而那些在感叹怀才不遇、生不逢时的人，其实并没有什么才华，他们自以为是的见识只不过是孤芳自赏，自我感觉良好罢了。在这个时代，你都没能把自己的才华拿出来让大家看见，只能说明你真的很没用。

其实，才华一点也不隐蔽，它就像人民币，只要你愿意拿出来，总有人看得到。

2

我曾经在网络上认识一个写小说的人,他跟我感叹:我生不逢时,要早生二十年我也是当红作家。你问我为什么这么说?你看看痞子蔡、李寻欢、安妮宝贝等人成名时的代表作品,如果放到现在来看的话真的很一般(个人观点),我敢保证他们谁也红不起来,可能连我都不如。

我不全部认同他所说的话。没错,痞子蔡的文章如果发表于现在的网络环境,可能早就被淹没了,因为现在的网络文学动辄千言万语,根本不适合十几万字的小说。

但能够嗅到时代的敏感并做出反应的人,也是一个人才华的重要表现。就像在这个时代,唐家三少、南派三叔等写作大神能在网络文学的世界里呼风唤雨一样,痞子蔡、李寻欢、安妮宝贝等人影响了他们的时代,他们创作出了那个时代所需要的文学作品。这是我们不能比,也不应该去比的,因为相比就不公平。

我说:"你为什么去比痞子蔡等人,你应该比的是现在的网络大神才对啊!"

他说:"现在的网络文学太变态了,没有最长,只有更长。原来看到一部一百万字的作品够吃惊了,你还没回过神来,几千万字的都来了,我哪有那么多工夫写?"

我说:"那你继续活在自己假想的时代里吧,那样你会觉得自己特别高明。"

还是这个哥们儿,有一段时间特别憎恨各大网站的唯利是图——某些网络大神只要发布一本新书,瞬间就给推荐上榜了,他觉得特别不公平:"要是网站也这么推荐我,我也红了。"

我觉得很可笑,说:"网站凭什么大力推荐你,推荐你对他们有什么好处?"

我虽然承认他说的是事实,就如我苦心写出来的小说,想找个地方发表都困难,而如果是莫言先生,随随便便都有几百家期刊争着上头条重点推荐,但这谈不上不公平。

大神成神之前,莫言成为莫言之前,他们的处境又有谁来跟他们谈公平?

我们光仰望他们光鲜亮丽的现在,却忘了他们曾经无数个日夜的漫长积累。

在我们这个时代,糊口对很多人来说已经不是问题,有展示的阵地,学习便捷,每天都有层出不穷的机会——

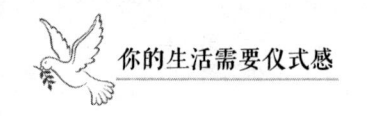

在这样的大环境里，你不成才，不能怨时代。

哪怕你真的有那么一丁点才华，但你的努力不够，积累不够，才华也无法展示出来。就如在艺术的世界里，技术永远走在第一位——而作为基础性的"技术"，是可以学会的。

俗话说："才高八斗，学富五车。"我的理解是，如果有八斗的才华，你必须有五车的学识去匹配它。不然，就像一个没有引线的炸药包，你没有办法把它点燃，威力再大也没有用。

记得前段时间听一位老师讲剧本写作，其中有一句话说，现在人们努力的程度之低，还远未到拼天赋的程度。想来确实惭愧，我努力了吗？努力了。努力到什么程度了？扪心自问，我还是脸红了。

我也曾有过怀才不遇的感受，只是这样的感受仅仅在于，我们往往有很多很多的想法，却没有办法把这些想法变成现实。是的，有了想法，却缺乏把这些想法变成现实的最基础的东西：技术。这就好比我的心中有个好故事，但却不会把它写成剧本。

自以为有才华而感到怀才不遇的人，其实最应该痛恨的是自己。

你本来可以成为钱钟书，但可惜你没有看过他所看过的书的千分之一，外语水平也不能考满分，更不要说考上清华北大了；你本可以成为徐悲鸿，但是你画画三天打鱼，两天晒网，虽然在美术系里浸淫三年五载，但水平只跟街边给人画像的大爷差不多；你本可以成为贝多芬，但你弹钢琴就像弹棉花，一副好嗓子全部用在歇斯底里地宣泄人生苦闷上了；你本来拥有大好的年华，旺盛的精力，但是你不练琴，不学画，不读书，都耗费在麻将桌上了。

老天爷真的给了每个人一点天分，所以我们总觉得自己才华横溢，满腔真气充盈。但是，你的努力远远没有达到将你的才华展示得淋漓尽致的程度，所以，人们看不见，也让老天爷失望到把你遗忘。

如果说天赋就像武功秘籍，那么，到底厉不厉害关键还要看修炼的程度。

我们生活在最好的时代，是否能成就最好的自己，每个人都应该扪心自问。

不敢面对现实的你，如果生在先秦，可能只是战乱时的蝼蚁，暴尸荒野；如果生在大唐，兴许只是宫廷里一个低眉顺眼的小太监；如果生在上世纪二三十年代，可能你也只是混迹在人群中吃不饱、穿不暖，看不见明天的一介

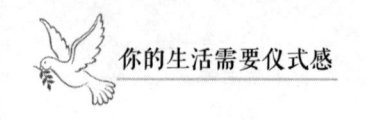

难民。换一个时代，未必有你想象的那么幸运。

送君一句话：没有生不逢时，也不是怀才不遇，你只是不敢面对现实活在当下。

趁早把生活折腾得与众不同

1

为了写抗日神剧，我最近在研究各种特工资料，虽然没有什么研究成果，但收获了一句感慨：所有的特工都是人才！

真的，特工这种差事不是人做的，至少不是一般人做的。他们最了不起的地方在于，实际上是在做两份工作，并且都要完成得特别出色。

表面工作，如果你做得不够出色，就得不到重用，搜集的情报就没有多大价值。拿《无间道》来说，一个外围小马仔，是没办法获得黑社会各种毒品交易的情报的；暗地里的工作，如果做得不出色，轻则无法帮助组织获得机密情报，重则会被揪出来，丢了小命也是分分钟的事。

虽然卧底是神秘的，但我一点儿也不羡慕他们的精彩。卧底生活的刺激，往往只是旁观者自以为是的刺激，对当事人来说，其实是如履薄冰的危险，是拿命在拼的杀机重重。

很多人工作一天后，到了晚上就会没心没肺地睡一觉。但卧底呢，哪怕再苦再累甚至身负重伤，也要抓住这样的机会开始真正的工作。

他们累吗？血肉之躯怎么会不累！但再累也要做，因为他们是卧底，使命在召唤，任务要完成——生死尚且度外，苦点累点又算什么！

有两种人可以成为卧底。一种是身不由己，有把柄在对方手里攥着；另一种是信仰，心甘情愿，九死不悔。不管是被逼的，还是心甘情愿的，卧底都是在披着平常外衣做着非常之事。

写到这里，我便想到了理想。作为普通人，我们成为卧底的机会微乎其微，比如潜伏敌营十八年的生活，你想体验也体验不了，但从特工身上，我收获了一种追梦的精神。

我想起之前在电视上看到的一则报道，一个年轻人为

了追求所谓的梦想，出走十年不回家。但是，在他追求梦想的城市里，他一直都只是一个普通的打工青年，并没做什么与理想有关的事。

想想好笑，离家出走就是追求梦想，但你知道梦想在什么地方吗？对我来说，北京只是一座城市，上海也只是一座城市，深圳依然只是一座城市。梦想与城市无关，它扎根在内心深处。

伟大的俄国作家索尔仁尼琴，他的写作是随时随地的，他可以在工厂写作，可以在监狱里写作，还可以在旅途中写作。因为，写作是他的生命，他的写作不需要特定的地方。

当然了，我并没有否认环境对一个人的影响是巨大的，按道理来说，鹰击长空，鱼翔潭底，驼走大漠，它们在适合的环境里才能发挥自己的天性，展现生命的极致。

只是，并非所有的愿望都会称心如意，虎会落平阳，龙会遇浅水，英雄也会出生在寒门里，天才未必不会诞生于农家。而这些，不应该成为影响你梦想的借口，更不应该成为你逃离故乡、抛弃责任的理由。我觉得，一个十年不回家的追梦者，一点也不值得尊重。

在我看来，每一个心怀梦想的人都应该有一种特工的品质，在生存与信仰之间做到应付自如：为了生存，像普通人一样兢兢业业；为了梦想，在八小时以外锲而不舍。

也许有人会说，一方面要认真工作养家糊口，一方面还要为了追求梦想殚精竭虑——这也太累了，这还是人干的吗？如果怕苦怕累，你还追求什么梦想？梦想是很奢侈的东西，它不是随随便便就能实现的，如果随随便便就能实现，它根本就不配叫作梦想了。

我一点也不喜欢那些把自己逼得人不人、鬼不鬼的追梦者，看着悲壮，实则滑稽。

保护好自己，也是每一个追梦者的责任。你把身体搞坏了，追求到梦想又能怎么样？你把家人的心伤透了，你实现了自己的梦想又能怎么样？我们每一个追求梦想的人，最根本的立足点应该是家人的心安和幸福。不然，你的梦想可能只是丧心病狂的遐想。

在我看来，很多梦想未必需要背井离乡，尤其在你还没有做好一鸣惊人的准备时。它只需要你静下心来，像一名优秀的特工，做好世俗工作，保护自己和家人；暗中积蓄力量，十年磨一剑，让你的能力撑得起你硕大无比的野心，让你在遇到机会的时候有能力抓住。

2

有人肯定会喊苦喊累，说没时间——如果是这样，只能说明你根本不是真爱。

几年前，我和女友不在同一个地方，每年都会辗转几千公里去和她约会，而且不止一次。国庆、元旦，没有节假日就想办法，找借口请假。

累吗？肯定累！但比累更让我心动的，是和她在一起每分每秒的愉快时光。所以，哪怕再苦再累，哪怕万水千山，只要能跟她相会，我不会错过任何机会。因为思念不会偷懒，真爱会克服一切——只要有机会，就要见缝插针。

名著《呼啸山庄》的作者艾米莉·勃朗特，除了写作小说，还要承担洗衣服、烤面包、做菜等繁重的家务。她在厨房里干活的时候，每次都带着铅笔和纸张，只要一有空隙，就立即把脑海里涌现的灵感写下来，哪怕再累再忙，她也不想错过那些灵光一现的美丽句子。

美国作家杰克·伦敦的房间里，不论是窗户、衣架、橱柜、床头、镜子，到处都挂着一串串小纸片，每片纸上都写着各种美妙的词汇、生动的比喻、有用的资料。他把纸片挂在房间的各个部位,是为了在睡觉、穿衣、刮脸、踱步时随时随地都能看到,都能记诵。

司马迁在《史记·滑稽列传》中写道:"国中有大鸟,止王之庭,三年不蜚(通"飞")又不鸣,王知此鸟何也?"王曰:"此鸟不飞则已,一飞冲天;不鸣则已,一鸣惊人。"每一个心怀梦想的人都应该做到这样,而不是心浮气躁,到处找机会,以为有机会你就什么都有了。

事实并不是这样,这个时代我们不缺少机会,只缺少让众人无法无视的才华。

电影《风声》里,特工在身负重伤的情况下依然会想方设法地完成使命,为什么?因为那是真正的信仰,只有真正的信仰,才能让人做到将生死置之度外,无可阻挡。

冯小刚在还没有机会拍电影的时候,选择安安静静地学习写剧本,这个剧本叫《编辑部的故事》;《赛德克·巴莱》的导演魏圣德,在没有成为导演之前,他只是一名退伍军人,但他学习写剧本,画草图,从一个没有任何美术功底的人变成了一位绘画高手;著名词人方文山在没有成名之前,只有私立职高学历的他,做过纺织厂机械维修工、百货物流送货司机,去台北前的最后一份工作则是安装防

盗系统的工人。即便如此，他也没有放弃创作歌词。

　　站在机会面前，替你说话的永远只有一种东西——注入了你的心血、展示了你的才华的作品。永远没有人会对一个自夸才华横溢，却拿不出任何真材实料的人感兴趣。

　　潜力股太多了，放眼社会人人皆是，人们希望看到的是马上就能够展示的硬实力。有人说，只要给我机会，我可以在做的过程中学习和成长啊！你当这是学校吗？你会交学费吗？别傻了，没有人跟你有那么好的交情，可以像你的父母一样无私地培养你。

　　再说了，如果一个十岁的孩子告诉你：我将来会是世界上最强的拳击手，但是请培养我十年。你愿意进行这样的投资吗？这听起来是不是太荒诞了？现在很多人都把自己身上的潜力错以为是实力，而潜力在还没有展现出来之前，大都只是自我感觉良好的错觉罢了，没法变现。

　　傻瓜们，醒醒吧！在还没有硬实力的时候，我们应该静下心来做一名梦想的卧底，兢兢业业，暗自努力，期待有朝一日一飞冲天，一鸣惊人。

　　最能盛装梦想的东西是心，不是城市。如果你没有好的表演功力，就算去横店漂个一百年，也只是路人甲。

3

我有个在北京闯荡的朋友，有次我问他最喜欢哪一座城市，他说北京。因为北京足够大，装得下他的野心。

北京确实很大，但他只能蜗居着——你还没有能力征服它，它就不是你的！

既然这样，何不做一名梦想的卧底，既是检验自己对梦想的坚定程度，也是我们面对世俗最好的处理方式——进一步可以功成名就，退一步可以安享天伦之乐。没有必要为了所谓的梦想背井离乡，除非你的梦想非得到那个地方才能实现，除非你的选择没有伤害到家人的希望。

因为一个人除了梦想，还有责任。而很多所谓为了追求梦想而背井离乡的人，并不是真的为了追求梦想，而是在逃避责任。甚至，在梦想这个问题上，他们仅仅是妄想投机取巧的懦夫，有道是："慷慨赴死易，从容就义难！"梦想的卧底者，才是追梦路上真正的英雄。

那些梦想路上真正的勇士，他们远比那些粗暴的追梦者更坚韧、更理智，他们隐藏在这个庸碌的尘世中，是教

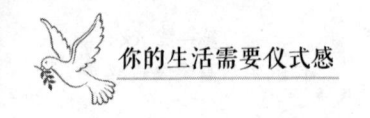

师，是农民，是工人，是个体户，是城管，是警察……他们在他人休息的时候，也会把梦想拿出来，愿意比他人付出更多的努力，就像一位从事地下工作的特工。

或穷其一生并无所获，或有一天终于等到云开日出，取得令人惊叹的成就。不管怎么说，这样的人有责任、有梦想、有担当，他们才是这个社会最需要的栋梁！

记得有一首歌叫《孤独的人是可耻的》，这句话特别能打动我：你孤独你了不起啊，你有梦想你厉害啊，更厉害的人正怀揣着梦想朝九晚五养家糊口的同时，熬更守夜暗自奋斗呢！

我不愿过低配的生活

1

前几天跟一位朋友见面，我们坐在书店旁边的咖啡店里聊了一个多小时。他三十三岁了什么也没有，哪怕工作也不能让自己满意。这些年他换了好几份工作，但没有一份工作可以让他死心塌地地干下去：不是工资达不到预期，就是太累太苦没有时间休息，或者就是找不到自己的兴趣，看不到前途。

对一个人来说，如果事业毫无起色，那肯定得立刻、马上、赶快、果断地拍拍屁股走人。人得有所图，如果啥也不图就知道埋头坚持，那根本就是傻过头了。

最近三年，在我的眼皮底下他就辞职了三回，最近一次是去年的国庆节。

前段时间，他相亲成功，快过年的时候准备去姑娘家一趟，打算提亲。在这一点上，我是佩服他的：虽然一无所有，至少还有结婚的勇气，这比很多人有境界。

只是，去姑娘家容易，但这些年东奔西跑的，手里实在没多少钱啊！他想来想去，也就我这个卖猪肉的或者可以帮帮他，于是约了我见面，一来打算让我借点钱给他，二来是给他出出主意。

在一个飘着细碎雪花的下午，他坐在我面前，还是一副颇有风骨的书生模样。

我们聊天的过程中，他说了一句："唉！我努力了这

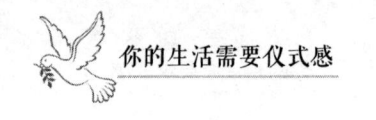

么多年,依然一事无成。"

我回了一句:"你努力了吗?如果这几年你都在努力,怎么会一事无成呢?"

后来,我们就"努力"这件事争论起来,有点像电影《让子弹飞》里面张麻子、汤师爷和黄四郎关于"什么是惊喜"的对话一样:什么是努力,你给我翻译翻译,我就想让你翻译翻译,什么叫努力!请你翻译出来给我听,什么叫努力!到底什么叫努力!

而电影里黄四郎给出的惊喜是:三天之后,我出一百八十万两银子,让你们出城剿匪。

我这好哥们儿想了半天,说不上来,他根本无法翻译——什么叫努力!

很多人都觉得自己努力了,但你的努力是什么呢?难道你觉得活得很累,生活很朴素,是因为你在努力吗?工作特别辛苦、特别委屈,就是你的努力吗?或者,你就是觉得自己努力了而已。

其实,那根本不叫努力,而是自我感觉很辛苦之后的错觉——如果我没有努力,怎么会那么辛苦?

但我想反问的是,如果你努力了,怎么还会那么辛苦?所以,我们觉得生活苦,并不是我们能吃苦,而是除了这样别无选择——那苦只是你生活的常态,而不是你内心的选择!

很多人不能吃苦,只是被迫吃苦。这不叫努力,也不叫吃苦,叫命苦。

那什么是吃苦呢?本可以锦衣玉食的教授,为了考察文化不远万里深入边地,那叫能吃苦;本可以朝九晚五安安逸逸上班打卡、下班游戏的白领到山区去支教,那叫能吃苦;本可以拿着百万年薪在国外优越生活的科学家,愿意为了祖国的建设回到家乡从零干起,那叫能吃苦。

如果你本来就苦,就算不能吃你也得吃!所以,那不叫能吃苦,而是除了苦之外,没有别的可以选择了。这就好比餐桌上只有馒头,你只能把它往嘴里塞,那能说你就喜欢吃馒头吗?

在我看来,朋友所谓的努力也就是在不断地变换工作而已,一个不努力工作的人,光努力换工作有什么用?发型不好看根本不能怪理发师,而是脸型长得不好;个人状态不好的原因,多半也与工作单位关系不大,如果第一家单位你不满意,那么第二家、第三家、第四家呢?

当他无法回答我这个"张麻子式的问题"时,他所谓的"努力"就是一句玩笑。

2

前几天，我隔壁邻居大哥在训儿子这个学期的期末考试又考砸了。全班三十个学生，他考了最后一名。邻居大哥显得特别无奈："我不要求你考前几名，但你不能一直考倒数第一啊！"孩子有些害怕爸爸打他，小声地说："爸爸，我以后一定努力，不再让你生气了。"

邻居大哥显得很无语，问："努力，怎么努力啊？去年你也是这么跟我说的。"

我会努力的！我已经特别努力了！我真的很努力很努力了！

其实，这些话大多数时候都只是谎言，不仅仅以炫耀的方式在欺骗他人，同时也可能以自我麻痹的方式在欺骗自己。因为说这些话的人，你要问他们努力的具体指向是什么，很少有人能回答上来。

在我看来，努力不能像中学生写作文一样，夸夸其谈，说得天花乱坠的，听起来像那么回事就可以了。成年人的努力，应该像狙击手的子弹，射出去，就算打不中目标也应该在其他地方留下痕迹——就像人们说的那样,哪怕吐口唾沫也要在地上砸出个坑来。

传奇巨星科比,在他刚入联盟的时候,曾经豪情万丈地说要成为球场上的威尔·斯密斯,他要获得七到八个总冠军。

有一次,记者问:"科比,能不能告诉我们,你为什么这么优秀?"

科比笑着说:"你见过洛杉矶凌晨四点的样子吗?"凌晨四点的洛杉矶充满诗意,但千千万万次的运球、投篮应该相当枯燥乏味。如今,科比早已退役,他"七到八个总冠军"的目标也没有全部实现,但他成了继乔丹之后最伟大的篮球巨星。

当周杰伦还只是一个热爱音乐的小青年时,吴宗宪提出要求,如果他能在十天内写出五十首歌,就给他出唱片。

十天五十首歌,假设每天只睡四小时,他得每四小时就出一首歌。结果,周杰伦做到了。什么是努力?十天写出五十首歌应该算是很努力了。更大的努力在于,为了写出这些歌,他准备了很多年——这背后的很多年,才是他真正的含金量。

刘德华出道至今红了三十多年,拍的电影超过一百部,平均每年拍四部,同时还要开演唱会、参加公益活动等,他的时间是从哪里来的?他和我们一样,一年只有三百六十五天,一天只有二十四个小时,一个小时只有六十分钟,一分钟只有六十秒。

台湾作家林清玄,他写的各种散文相信很多人都读过,但是又有几个人知道,这个出身平凡的人,至今为止出过的作品将近二百部,其中光畅销书就三十余部。

再让我们来算算,林清玄如今已经六十五岁了,就算他写了四十年的书,平均每年要写四本以上。我们很多人甚至一年连四本书都没有看过,更别谈一个字一个字地写四本书了。

最后来说我身边的一个平凡人的故事。

几年前,我去学驾照,认识了一位老大哥。当时,考驾照已经很严格,没有一点作弊的机会。这位老大哥四十几岁了,只有小学三年级的文化,考"交规"特别吃力。我去报名时,他已经考了好几次,都是以失败告终的。

我跟他聊天的时候得知,他的房子拆迁了,这几年做生意又赚了些钱,最大的愿望就是考上驾照买辆车,带着跟他辛苦了半辈子的老婆出去旅游。考交规对很多人来说都不难,但是对于他这种连考题上的文字都认不全的人来说，就没那么容易了。

记得《生死朗读》里大字不识一个的女子，后来不仅认识了字，还学会了写信——她是通过用朋友寄给她的磁带与书本，一个字一个字地对照，日积月累慢慢学会的。

这位老大哥的办法也差不多，他把模拟题全部打印出来，一道题一道题地慢慢记。他不识字，看不懂的地方就只能熟记正确答案的"样子"，因为交规考试基本上都是选择题，万变不离其宗。

在我拿到驾照的时候，他终于通过了交规考试，可以正式学车了。

这个世界根本没有什么一蹴而就，也没有什么一夜成名，所有的高手都是百炼成钢。努力很简单，也很实在，它根本不是豪言壮语，也不是夸夸其谈，就一个字：干！

3

如果想做学问，你没看过上千本书，凭什么说自己努力了！如果想成为一位漫画家，没有画过几千张练习图，又有什么资格说自己曾经奋斗过！如果想成为一位科学

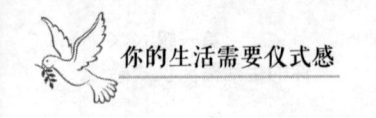

家,你的实验没有达到一万次,又有什么资格说自己已经成功了!

努力从来都不是靠自我感觉,而是需要积累和拿数据说话的——不管你自我感觉怎么样,实实在在做了的事情从来都是证据。

说真的,我一点也不羡慕那些超凡脱俗的天才,反倒喜欢那些傻乎乎执着追求梦想的人的拼劲儿。

在西方,最成功的励志范本并不是比尔·盖茨,也不是巴菲特,而是一个智商只有七十五的男人阿甘。阿甘常爱说的一句话是:"我妈妈说,要将上帝给你的恩赐发挥到极限。"成功就是将个人的潜能发挥到极限,阿甘的方式很简单,就是去做、去积累。

努力就是去做,想当作家就打开电脑去写,想学英语就先背字典,想考公务员就先做考试真题。所有不具体化的努力都是空喊口号的耍流氓,你敢对成功耍流氓,成功就一定会跟你开玩笑——如果你不认真,世界不可能会对你真诚以待。

现在,我告诉你什么是努力!你不是想当律师吗?不是想考证吗?那好,从明天起,你每天早晨抽半个小时跑步锻炼身体,然后看三十页的专业书,做一套新的模拟题,温习一套一周之前做过的模拟题；在网上报一个培训班，坚持每天看一个小时的视频教学。

当然，你不能保证每天都这样，一个星期只要能保证三天做到这样就很不错了。

那么，两年之后，如果你还一事无成的话，你可以骄傲地说，这个世界我来过，我爱过，我战斗过，我不后悔。否则，你那些没有实践支撑的努力，只不过是虚度光阴。

努力不是口号，不是感觉。努力是磨穿铁砚的重复，是踏破铁鞋的寻找，是一个字一个字写出来的浩瀚巨著，是一笔一画描绘出来的山水巨幅，是日积月累的愚公移山，是永不停歇的滴水成海。努力的人就算最终没有达成所愿，在这个世界他也一定会留下痕迹。

任何一个梦想去往远方的灵魂，只要出发了，就永远也不会倒在家里。

糊弄过去的，迟早会露马脚

1

前几天跟戴姑娘聊天，讲到最后，她感叹道："好多事情不是努力了就会有收获的。"

这句话本身没错，很多人似乎都有过这种感受：自己明明很努力，很勤奋，但就像武侠小说中不小心进入高手布下的迷阵一样，无论怎么走，永远都只是在兜圈子。

明明很努力，明明一直在身体力行、兢兢业业、一丝不苟，但就是不见收获。

都说种瓜得瓜，种豆得豆，上帝不会辜负每一个努力的人，但是我漫山遍野都撒了花种，却连根狗尾巴草都没长出来，这怎么解释？那岂不是如同戴姑娘的感叹一样！

只不过，有些事情看起来无懈可击，说起来理直气壮，却并不代表真相。

看起来的勤奋没有得到应有的回报,那看起来的勤奋,就真的是勤奋吗?

2

朋友小许几年前患上焦虑症,医生给她的建议是练习书法,因为书法是很能磨砺人心性的事情。

小许从医院回来,就到文具店把笔墨纸砚买好,回到家就开始练习毛笔字。她这一写就是三年,把唐诗三百首翻来覆去写了很多遍,《长恨歌》都快倒背如流了,但是一看她的毛笔字,就知道根本没入门。

我曾经在书法学校做过半年助教,亲眼看着那些零基础的小孩,学习几个月后能把《多宝塔碑》临摹得像模像样,有的参加全国比赛甚至还拿了奖。

小许写字很勤奋,每天至少写一个小时。按理说,十年磨一剑,寒光出鞘,削铁如泥——三年了,怎么说也应该学习到一些皮毛了吧,但情况完全不是这么回事。

很奇怪吗?不奇怪!

我们身边有很多高学历的人，写了一辈子字，但有人落笔下去就像鸡爪狗刨。这充分说明了一个问题：写得多，写得勤快，并不意味着就能把字写得好。

小许的勤奋只是不断地低水平重复，是无效的勤奋，是习惯性的动作，她没有抓住勤奋的本质。行动只是勤奋的外在表现形式，真实的勤奋是除了去做，还要不断想着突破，想着超越，想着明天一定比今天好。

据说，科比每次比赛把绝杀球投丢了，他都会留下来练习，在相同的地方用相同的动作不断练习，一直投进一百次为止。这是科比式的勤奋。

驴子拉磨盘，天天在做，没有谁说它们勤奋，最多叫勤劳。勤劳和勤奋的区别在于，勤劳可以是不停地进行重复性劳动，就像车间生产一样，永远生产同样的东西。勤奋是在劳动的同时，奋发图强，开拓进取，不断进步。

勤奋的目的，不是重复，是进取。

我父亲种了六十年的田，他是公认的勤劳，但现在已经七十多岁了，每年的收成还是只能解决温饱问题。

因为，他的勤劳都是在不断重复相同的事，春去秋来，年复一年。他从来没去想过，稻田除了种水稻，能不能试着种经济作物，比如种药材。

一个人一旦进入低水平重复状态，那可能就是他这一辈子发展的桎梏了——哪怕自我感觉很努力、很勤奋，却只能周而复始，无法提升到新的层面。

3

按一辈子快门的人，未必会成为摄影师；写一辈子文章的人，很多成不了作家；在公园打十年太极拳，与功夫可能毫无关系，因为那根本就不是正确的努力。一个人，如果不处在正确的努力轨道上，越勤奋，只会越疲惫；越疲惫，心态就会越失衡。

正确的勤奋方式，必须是日新月异、不断超越的。你必须看到自己的进步，看到自己与过去的区别——看到胜利的曙光离你越来越近，你必须把之前投不进去的球投进去！

从这个意义上讲，低水平重复的勤奋，是实质性的懦弱与懒惰——怕去挑战未知，懒得开拓进取，一直待在熟悉的地方，一直安全地做着同样的事。这是最无聊的勤奋，也是最悲哀的努力，更是最无耻的抱怨和无能的体现。

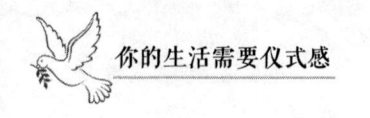

这样的人最可怜,他们总是觉得自己比他人付出的多,总是觉得社会对自己不公平,弄不好还会责怪他人懒惰——殊不知,自己才是真正的懒鬼!

如何让自己摆脱低水平重复的桎梏,让努力有迹可循,天天向上,未来可期?

好几年前,我在工作的时候认识一位摄影师朋友,他是南方某报的首席摄影,绝对资深。

跟他交流的时候,他说:"学摄影根本不是玩相机,就像学画画,不能说仅仅会使用水彩笔和颜料。摄影是构图,是哲学,是文学,是审美,是趣味,而这些是相机之外的东西。"

他建议我,如果想学习摄影,首先要熟悉机器的功能,这是第一步。多看那些伟大摄影师的作品,多看哲学理论著作,多思考自己想要拍出什么样的作品——每一次在思想的指导下去按快门。

我觉得,他在无意中说出了有效努力的核心,我们得带着脑袋去行动。

4

勤奋是美妙的，每一个渴望功成名就的年轻人，必须让自己的勤奋有效，必须摆脱做无用功的魔咒。

思想永远是行动的指挥棒，你如果都不明白自己想要什么，那么，你所有的努力都是瞎折腾！当你的努力沦为低水平重复，其实已经是驴拉磨了——习惯性地维持现状，花再多的时间都不会进步。

既然你的勤奋已经与进步无关，你又有什么资格期盼和索取。

事实上，奋斗是世界上最美妙的体验，如果没有这样的感受，你的奋斗可能已经钻进了牛角尖里。一个人可以很拼命地去做一件事，但如果想做得很久，取得很大的成功，光有毅力是不够的，你必须从中找到乐趣。

我特别喜欢一句话，叫"穷其一生的乐趣"。

乔布斯说，他从来没想过赚多少钱，他只是想尽最大的努力，将他喜欢的工作做到最好，至于金钱这些东西，都是自然而然到来的。纯粹为奋斗而奋斗、为努力而努力

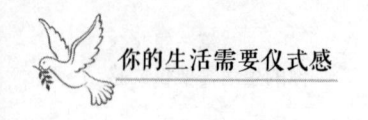

的人，很难经得起考验。

奋斗是场持久战，不能一意孤行。你的心中必须有人陪伴，那个人可以是你倾慕的先贤。

简单地说，你必须有参照对象，不管是他山之石可以攻玉，还是以人为镜可以知自己长短，总之，得有一个参考对象跟自己进行比较，你才知道自己哪些地方需要突破。

刀之所以快，因为有磨石；天空之所以蔚蓝，因为它对应着地球上百分之七十面积的大海。我们如果要进步，同样需要一个参照物。

学习是从模仿开始的。

学书法，你不临摹字帖，不知《兰亭序》，未闻张旭怀素，没见过魏碑，你怎么练习都只是写字；学习武术，你不拜师入门，没有进行系统训练，不知一招一式，再怎么折腾，你都只是在练习肌肉和体力，与功夫无关。

没有参照，就谈不上学习，不学习就不会进步，不进步就只能低水平重复，勤奋也就失去了意思。达·芬奇画鸡蛋，是照着蛋在画，而不是闷着脑袋、闭着眼睛，不断在纸上画圈圈。

最后，我们必须学会总结和反思。

你想当自由撰稿人，你投稿没有被录用，你必须弄明白自己的失败在哪里；如果你是一名学生，做错题目不要紧，关键是你必须弄清楚怎么改正，不然，你所有的经历都只是浮光掠影，走马观花，形不成经验——没有经验，就永远是菜鸟！

蜗牛一天也能挪动十米，十年原地踏步到不了任何地方。社会衡量一个人，或者回报一个人的标准从来都不是勤奋与否，而在于进步。因为，前者最多算是过程，后者才是结果。

我相信天道酬勤是永恒不变的真理，但进步比勤奋重要。没有进步的勤奋，是没有资格索取回报的。

请记住：一个持续进步的人，哪怕最终不能得偿所愿，但也绝不会一无所获。

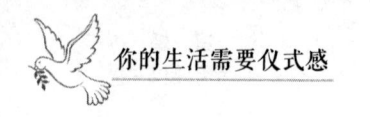

极简管理的艺术

1

有一段时间，我特别想去健身房报名，将自己体内多余的脂肪挤出去。不过，我一直都没有具体行动，因为我总是担心自己没时间，报名不去练白白浪费钱。

我身边就有几个朋友，当初兴致勃勃地去报名，一副誓要瘦成一道闪电炫瞎众生眼的劲头，最后都没有坚持下来。所以，一直到现在，我也没有去过健身房锻炼，哪怕我的好朋友就是开健身房的。

前段时间，我特别想报名参加写作训练，最终的问题还是担心自己没时间。

但是，静下心来想想，我真的没有时间吗？我真的忙得每周抽几个小时去健身房锻炼都不行，每天抽两个小时静静地坐在电脑前安安心心写作都不行,我真的忙得跟名企CEO似的,没有半个小时的休闲时间坐下来喝杯咖啡?

如果说我真的很忙,那又在忙些什么?我坐在电脑前想了半个小时,最后也没想明白自己到底在忙些什么鬼。

工作量大?真算不上,满打满算,可能比以前在新闻媒体工作的时候还轻松。时间很少?其实跟名企CEO没什么两样,每天都是二十四个小时。工作效率低?也不见得,很多要求在规定时间内完成的工作,都会准时完成。

这些实在让我没办法从主客观上找到充分的理由。那到底是因为什么我总感觉自己太忙了,忙得没时间?

一位深圳的朋友曾对我说:只有身患绝症行将就木的人,才有资格说没时间,你是吗?

听他这么一说,我顿觉脊背凉飕飕的,一道巨大的阴影漂浮过来——肯定不是!

2

懒!

这是一位朋友面对我的困惑直接给出的诊断,似乎也

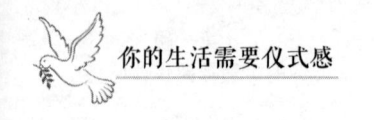

特别准确，特别有道理。

　　但扪心自问，我真的不是个懒人！我甚至可以一把鼻涕一把眼泪地发誓，你们可以笑我笨，骂我丑，嫌我傻，怨我痴，怪我癫，但是绝对不能说我懒！

　　我做事就跟小蜜蜂似的，勤勤恳恳，兢兢业业，上到洗衣做饭拖地，下到清早起床练摊做生意、熬夜到凌晨读书写小说，没有一样不是尽心尽力马不停蹄争分夺秒的。

　　我早上六点起床，晚上十二点睡觉，中午偶尔才午睡一个小时，除了做生意、吃饭、睡觉、人有三急之外，我的所有时间都献给了读书和写作，偶尔看看电影也会美其名曰"放松一下"。

　　我觉得自己真的勤奋得快把自己感动死了，但我还是觉得自己很忙，忙得没有时间健身，没有时间旅行，没有时间聚会，没有时间陪家人，没有时间去发呆几个小时。

　　只是，很忙的我却似乎没忙出个头绪来，什么事也做不成。起床又睡觉，一天就过去了，我甚至都不知道自己的时间是怎么过没的。

　　整天像狗一样上蹦下跳席不暇暖的朋友Y常感叹：太忙了，什么事也做不成。

　　这话听起来特别矛盾，太忙说明你在做事，既然忙成这样，没有理由什么事也做不成啊！但他说这话的时候一点儿也不矫情，甚至是带着切肤之痛的感叹，绝对的肺腑之言。

我不知道其他人有没有这样的感觉，但对我来说，这话是能够感同身受的。我总觉得自己忙得快累死了，恨不能立马化身八爪鱼多长几只手出来，觉得每天总有接二连三的事情要去做，就像一个人面对一群嗷嗷待哺的婴儿一样——这个饿哭了，那个拉哭了，这个刚睡下，那个又睡醒了。有时候甚至大伙儿一起吵闹，让你有一种万箭穿心、恨不能立即死去的痛苦。

事情永远也做不完，想做的事情总是没有时间去做，一眨眼又过去了一天。

3

前段时间看《苏东坡传》，不禁感叹，这家伙太厉害了，不知道他哪儿来那么多的时间，竟然把自己变成了全才。他在很多领域所取得的建树都是大师级别的——诗词散文就不用说了，文学上的造诣高山仰止；书法也不用说

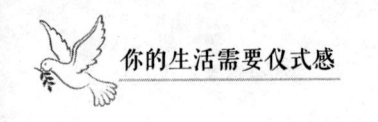

了，苏黄米蔡，居"宋四家"之首；他还是画家，画墨竹的水平与他写诗词的功夫相当。

令人想不通的是，全才苏轼竟然还是美食家——"东坡肉"名垂千古。

更令人想不通的是，苏轼还喜欢玩，特别爱旅游，过得够潇洒。更重要的是，他还当过大官，处理公务，为国分忧，苏堤今犹在。

如此成就，一般人能做到一二便足以沾沾自喜，甚至光宗耀祖，此生足矣。但这么多林林总总、不可思议的成就，全部集中在了苏东坡一个人的身上，并且像玩儿似的轻描淡写。

想不通，实在想不通！其实不光是苏东坡，你看看那些取得非凡成就的人，哪一个不是这样的？

成龙、刘德华、周杰伦、科比、梅西等，我们每天刷新闻，基本上都能看到他们的踪迹，他们的一举一动基本上都放在整个社会的眼皮底下，但是他们每年所做出的事情，却是令我们无法想象的。

导演冯小刚，当导演之余顺便把"影帝"也拿了；作家韩寒，赛车之余顺便把电影也拍了，似乎他们轻轻松松就能把一件事做得足够出色——就算他们天赋绝伦，但这些事情也得一件一件去做！

有人说：你只有足够努力，才能看起来毫不费力。这话我信。

一个问题来了，似乎那些特别杰出、特别忙碌的人，反而特别有时间。看看刘德华，出道至今拍了一百多部电影，每年拍三四部，还开演唱会、出唱片、写歌、参加公益活动、做投资、陪家人旅游等，我真想问问他，这些时间都是从哪里来的。

4

最近，在朋友圈里看到一篇文章，题目是《为什么越忙的人越有时间锻炼》。文章分享了社会上的一些精英热爱健身运动的事实，指出了三点原因：

第一点是，这些人认识到了健康的重要性，在优先级上把健康放在了最前面；第二点是，这些人的时间管理效率比较高，能有效执行自己的计划；第三点是，他们在健身过程中发现了乐趣。

文章中，前美国总统小布什说的一句话让我很动容。

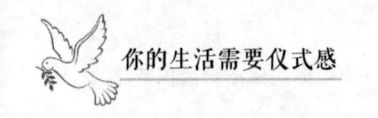

有一次记者问小布什,是如何挤出时间健身的,小布什回答说:"我相信任何人都可以有时间。事实上,我相信如果美国总统都可以有时间,那任何人都可以有时间。"

唐太宗也是中国历史上发展比较全面的皇帝之一,其文治武功被世人称颂。

唐太宗还特别喜欢书法,诗文也写得很不错,他说:"吾以万机之暇,游嬉文艺!"

这说明,唐太宗也是有时间的,他不仅有时间写诗作画练书法,甚至还有时间打猎、踢球。这太神奇了,连历史上最伟大的皇帝之一都有闲暇时间,我们怎么会没有时间呢!

其实,我也曾有过一段觉得特别有收获的日子。那是2010年前后,我刚刚参加工作,又学摄影又学驾照又经常出差,去西藏、去青海、去广州、去海南,出差之余还要写工作上的稿件,以及年终总结。

我甚至为我一年所做的工作感到惊讶——因为在出色地完成工作任务的同时,我竟然还写了一部近三十万字的长篇小说。

现在总结起来,原因有这样几点:一是被工作推动,该做就得去做;二是我在工作中充满激情,写作也能够找到乐趣；三是这些工作总是在交叉中进行，我并不觉得自己很疲惫。

拼搏让人精神，应付才会使人疲于奔命；努力令人振奋，碌碌无为才会让人困惑。所以，那些碌碌无为的人总觉得自己一直在忙，而真正忙着的人都在锻炼、看书和享受生活。因为，那些在我们看来特别享受的事情，可能对他们来说就是工作的一部分；而那些在我们看来无比痛苦的工作，可能对他们来说也是充满乐趣的放松方式之一。

当然，排除心态上的自我调节之外，那些瞎忙如我辈者，最关键的问题在于，我们根本不懂得如何有效地管理时间。或者说，我们根本就管理不了自己，无法实现自我驾驭。

我们的人生，一直处于让任性的野马信马由缰的状态，偶尔警觉，也无法自我约束。

5

我们经常碰到的一个词，叫管理。读书时，老师管；工作时，领导管。管得好的，井井有条，蒸蒸日上；管不

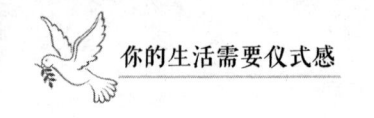

好的，乱七八糟，乌合之众。

管理，是集体最重要的核心之一。

那么，放到个人这里呢？我觉得，管理的最高境界是实现自我管理。

每个人的时间和精力都是有限的，哪怕是天才如爱迪生，他一天也只有二十四个小时，如何在有效的时间内做最有效的事，让自己不瞎忙，做每一件事都落在点子上，决定做的每一件事都按时间规定执行个八九不离十。这样的人，一定不会感觉自己手忙脚乱。

那些总是说没时间，总是觉得自己忙得蓬头垢面的人，其实是不会管理自己。他们做的事情基本上就像一团乱麻毫无头绪，好比一个人在修补一只破锅，补完这里那里漏了，补完那里这里又漏了，他们根本不知道解决这个问题的关键在于换一口新锅。

他们抓不住工作的重点，分不清问题的主次，所有的事情都等到堆到手边来才接招，永远也不知道未雨绸缪、防患于未然，所做的每一件事都很被动。

他们还是拖延症的严重患者，是执行力的懦夫，他们知道很多事情应该去做，但是因为没有迫在眉睫的紧迫，他们不慌不忙，一直拖到事情犹如燃眉才紧张起来。

如果这不是一个人，而是一个集体，那么，这样的集体一定是一群不堪一击的乌合之众！

这就像一支军队，只有等到敌方打过来了，战火燃起了，才想起应该多练兵；一支足球队，等到比赛已经正式打响了，才想着要去训练队伍；一个人，不能等着内急了才去修厕所。

我们每个人都不可能超然于社会之外，有很多事要处理，有很多责任要承担，在毫无自我管理的情况下，如果要去做事情，整个人就像是临时组建的山寨队伍，毫无战斗力可言，结果只会是一个：我太忙了，这样忙不过来，那样忙不过来，比马云还忙！

我们很多人都想当领导，一人之下万人之上，呼风唤雨，号令千军！

其实，在我们的生命里，每个人都可以做自己的将，做自己的帅，做自己的王，自己将自己管理好。

所不同的是，有的人将自己管理得井井有条，开创了人生盛世，成为人生赢家；而有的人则放任自己，就像放任一块良田让它成为荒地，长出了狗尾巴草，然后不断嗟叹命运不公。所以，与其去想着怎么样升官发财一夜成名，不如想着如何把自己管理好！

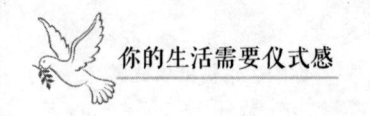

一个能够把自己管理好的人，一定是人生赢家，他所做的每一件事都会有意义。

6

慎独是中国儒家思想中重要的思想概念之一。

慎独，讲究个人道德水平的修养，看重个人品行的操守，是个人风范的最高境界。一般理解为"在独处无人注意时，自己的行为也要谨慎不苟"。

我特别愿意把"慎独"理解成一种自我管理的水平，或者说是境界。

小时候，老师经常让我们拟定学习计划，甚至是每一天的学习计划。七点钟起床，十分钟吃早餐，八点以前到学校，八点开始早读等。

几乎每一个学生都将自己一天的学习计划写得井井有条，他们争分夺秒、惜时如金，令人感动——只不过，最终坚持执行的人，一千个人里面估计也找不出几个来。正所谓豪言易发，壮举难行，我们从来都不缺乏计划的能力和勇气，而是缺少执行计划的毅力和决心。

作为一名领导，不要怪自己的队伍没有执行力，而应该怪自己没有将队伍锻炼好。作为个体也是这个道理，一个有效的自我管理者，不仅应该能想，还应该能做。

所以，一个有效的自我管理者，一方面不仅会安排自己的工作，分清轻重缓急；另一方面，还要在不同阶段有意识地锻炼自己的执行能力，让自己成为最高效的时间使用者——在做事时足够专注，并且从中找到乐趣。

如何能够在篮球场上找到乐趣，科比的回答很简单：不断战胜你想战胜的对手！不断战胜自己，肯定也会是人生最大的乐趣之一。

你没找到这个乐趣，还得疲于应付。这只能说明，你还没有学会管理自己，你还没有专注其中，你还没有扎进你所要从事的事业中去。

一个连自己都管理不好的人，时间对他来说是奢侈品。人家的那叫时间，你顶多算是过日子，搞不好还是混日子，甚至度日如年。

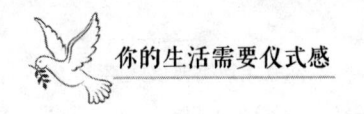

你拿什么去过想要的生活

1

前段时间,我在卧薪尝胆干一件事,基本上关闭了一切与之无干的事,包括写作。但最近,在写手圈里看到一篇叫《吃得苦中苦,大多是人下人》的文章,犹如一声惊雷划过沉寂的天空,一声怒吼打破吓人的宁静,一条活鱼跃动了沉寂的死水——于我心有戚戚焉,心中顿时积起块垒,波澜涌动,不吐不快!

确实,很多人吃了一辈子苦,却只能一直屈居人下!这是刻薄的活生生的现实,更是很多人的无助与无奈——努力无用,奋斗枉然。

生活的常识告诉我们,一将功成万骨枯才是奋斗和成功的真相,那些末路花开、苦尽甘来的励志名言不过是成功学的麻醉剂,以及二愣青年的"精神摇头丸"而已,并没有太多的参考价值。比如沈从文先生写了很多书,被退了很多次稿,最终成了大文豪。但我认识的一位朋友,写了几十部小说却没有一部成功出版。这两个故事都真实,也都特别现实。

或者有人可以说,那位写了几十部小说没有出版的朋友,可能坚持还不够,如果再坚持一下写到一百部,说不定就成功了呢!拜托,人的生命是有限的,坚持也是有限度的,就算你愿意一辈子死磕到底,但老天爷给你的时间也就那么多,你总有一天会死去的。

这个世界上,绝对有一件事情可以阻止你继续追求一切,那就是死亡!

如果每个人的生命都如"上帝"一般遥遥无期,我相信,人与人之间关于学识、才华和聪明才智的差距,都将失去意义。

这就像一个人,如果一直连续不断地买彩票,只要存在概率,总有一天一定会中得头奖,因为无期无尽——无限长的时间足够抵消那些吓人的概率。

但是,生命的长度有限,所以有的人成功一世,而有的人却失败一生。

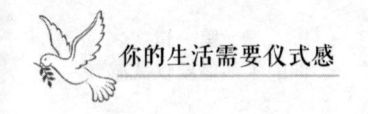

这么说的意思是，一个人奋斗是需要技巧的，我们应该极力去避免那些莫名其妙的弯路，在有限的生命长度里，充分利用好每一寸光阴、每一分力量。

2

严格意义上讲，能吃苦不是什么本事，可能只是别无选择。会吃苦才是本事。

我曾经在不同的单位混迹过，当过劳模，也结识过劳模，但当我开始创业（卖猪肉）走进市井之后，结识了形形色色的人，才发现那些小贩和农民才是真正最勤劳的人。

比如，我的猪肉店旁边水果店的赵老板，作为家庭性经营的典范，他每天凌晨两点钟就起床去批发市场，回来吃完早饭大概是七点左右，然后他就开始用摩托车给客户配送，一直到下午才完工。完工之后，回家给孩子做晚饭，孩子去上自习，他就开始睡觉了。

这就是他的一天，一年三百六十五天周而复始，没有周末，也无所谓节假日，除非生病倒下绝不停工。

还有周边的一些农民，为了卖一些自家种的菜，清早五点就已经把菜运到市区了。我想,他们肯定是连夜把菜从地里采下来,然后连夜送过来的,其中的辛苦自不待言。

试问,他们的付出程度,与我们很多单位评出的这样的先进、那样的劳模比如何?但是,这样的吃苦对于进步本身是没有意义的,甚至也与他们能不能吃苦毫无关系。只因为,这就是他们的生活,这就是他们谋生的方式与手段,他们别无选择。

这样的苦,他们可以吃一天,甚至可以吃一年,也可以吃一辈子。而所吃的这些苦,按照常规,永远也没有机会转化为他们过上好日子的积累。所以,吃得苦中苦,并不一定会成为人上人,而这样的吃苦方式,绝对不是转化为人上人的条件。

因为,这样的吃苦与成为人上人之间没有必然的因果关系。这就好比你想去北京看长城,却在原地踏步一样。

他们能吃苦,却不会吃苦,甚至不知道如何去吃苦,只是在承受苦难而已。

对于很多人来说,承受苦难与追求梦想和努力奋斗毫无关系,那仅仅是他们生活与生命的一个状态。他们根本没有机会成为人上人,更大的机会是苦难地度过一辈子——因为,这样的苦难不能积累成为他们有朝一日量变引起质

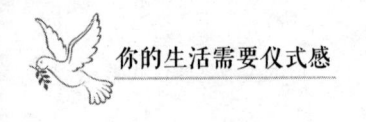

变的巨大能量。

就像我之前一直说的一样,这叫低水平重复。对于低水平重复,你能奢求最终的结果会有多好,高度会有多高吗?原地踏步的结果只有一个,那就是依然留在原地。

3

我的朋友 H 女士最近被聘请为本市仲裁委员会的仲裁员了,她特别高兴,因为当了很多年的律师,终于可以用另外的视角去审视案件,成为一名可以决定案件的裁判者。

听她说起来当上仲裁员这件事似乎挺简单的,好像一切顺其自然,没有什么曲折。但我却认为,这样的事情虽然轻描淡写,却也理所应当,这是她该得的。

做了那么多年律师,在工作之余为了提升学历还要学习,当一切积累做得足够了,那不就是瓜熟蒂落、水到渠成的事情吗?虽然她被聘为仲裁员这件事看似不费吹灰之力,实则所做的努力早已融入到多年的努力和积累的过程中了,成功只相当于足球场上的临门一脚。

我相信运气,但运气只在最关键的时刻起作用,而不会一直与你如影随形。

从 H 女士的这个故事中，我明白了一个道理：所谓的奋斗，就是一个在做有效积累的过程。有效积累这个词非常关键，因为唯有有效积累，才有机会让我们获得最后临门一脚的机会。

我算是一个特别能折腾的人了，做过培训老师，当过中学语文老师，卖过洗发液，进过工厂，当过村干部，在国企上过班，做过媒体，玩过策划，现如今干脆走进市井摆摊贩肉。这些林林总总的经历看上去无比丰富，但仔细推敲起来，却觉得似乎特别荒诞可笑。

我为什么这么能折腾？归根到底，还不是因为对现状的不满，以及对生活有更高的期望——既想要很多很多的钱，又想要很多很多的自由，还想要在钱和自由之间有一些诗意。

在与 H 女士聊天的过程中，我明白了一个道理，这么折腾其实是错误的。

因为这些所谓的折腾，对于我所追求的生活与理想而言都不是有效的积累。不管是当老师、混国企、做媒体，还是卖猪肉，可能对于我未来的发展和规划都没有积累的意义。也就是说，当我想去从事另外一件事情的时候，等

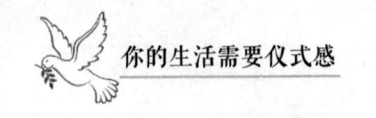

同于白手起家，从头开始。

我错了，我并不是能吃苦，我只是在自找苦吃，并且还吃得特别愚蠢可笑。

我一直偏离了自己的目标轨道，然后在自以为是地"曲线救国"。其实，我根本不明白，没有事情是可以一蹴而就的，最直接最有效的方法就是看准方向，守住目标，死磕到底——哪怕慢一些，也总有机会媳妇熬成婆。

直截了当，永远是这个世界上最经济适用的方式。

H女士在法律圈子里浸淫了十年，她实现了当初的目标。而我，离目标渐行渐远。

我吃过的那些苦头现在回过头来看，其实是白吃了——很没必要，特别天真，特别傻。当我静下心来捋一捋的时候才发现，那些所谓的经历和积累，与自己想要的目标毫无关系。

我虽然没有原地踏步，但也没有走在正确的道路上。绕了一个大圈子，终于浪费掉了那些宝贵的年华，换回夜深人静一无所有的落寞：我的临门一脚在哪儿？

4

奋斗与坚持，始终是这个世界上最美好的词汇之一，吃苦耐劳也是十分美好的品德。

我们很多人，依然对坚持奋斗与吃苦耐劳抱着更多的信心与期待。

但是，我们往往忘记了一个前提：我们如果想要到达成功的彼岸，或者尽可能地接近心中那个美丽迷人的目标，我们的吃苦最终会成为击穿成功壁垒的武器，唯一的条件是让奋斗与坚持有效！

如何让它们有效？答案很简单：目标正确，方向正确，为了这个目标吃足够多的苦。什么是足够多的苦？就是耐得住寂寞，经得起失败，并且不厌其烦地进行足够多的重复。

明人胡寄垣自勉联写道："有志者，事竟成，破釜沉舟，百二秦关终属楚；苦心人，天不负，卧薪尝胆，三千越甲可吞吴。"这被很多人当成励志名言，写在书的扉页，挂在房屋的正中央，贴在床头，朝夕修习。

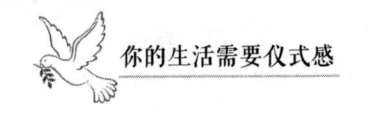

孟子也说："天将降大任于斯人也，必先苦其心志，劳其筋骨，饿其体肤，空乏其身，行拂乱其所为。"很多哪怕从来没有好好学习语文的人，基本上都能记住这几句。

而"吃得苦中苦，方为人上人"这句话，在咱们国人中大概是说得最多的励志名言，没有之一。但又有几个人愿意深究其中的深意呢？

关于吃苦奋斗的例子很多，头悬梁锥刺股就不用说了，凿壁偷光、囊萤映雪、卧薪尝胆人人皆知，苏廷吹火读书，常林带经耕锄，李密牛角挂书，董仲舒三年不窥园，陆羽弃佛从文，万斯同闭门苦读，唐伯虎潜心学画，屈原洞中苦读，司马光警枕励志，厉归真学画虎，沈括上山看桃花，徐霞客志在天下，陆游书巢勤学，顾炎武读破万卷书，王羲之磨穿铁砚，贾逵隔篱偷学，宋濂冒雪访师，陶弘景菜园求学等也广为传诵。

这些例子最核心的精髓是，他们所吃的苦和付出的努力都在围绕着目标进行。

所以，孟子那些话最核心的其实是最后一句"所以动心忍性，曾益其所不能"。什么意思？字面解释就是坚韧他的性情，增加他所缺少的才能。换言之，有效积累。

如果科比的努力用在写小说上，他哪怕看尽了洛杉矶二十四小时的风景,也不可能在球场上叱咤风云;如果莫言的努力用在了写诗歌上,哪怕他付出再多,也不可能摘取诺贝尔文学奖的桂冠。是的,你的努力,必须是好钢用在刀刃上,越磨炼,越锋利。

若非如此,缘木求鱼,南辕北辙,哪怕使尽浑身解数也于事无补,毫无意义。即便吃再大的苦,一事无成,甚至搞得头破血流那也是活该——前提错误,就已经丧失继续讨论的必要了。

5

这个世界最终的赢家,不是聪明人,也不是最能吃苦的人,而是最会吃苦的人。

作为一个有理想的年轻人,你得知道自己的目标在哪里,你得问问自己,你想要什么?

鄙人始终认为,年轻人之选择莫过于五——欲挣钱,当经商;欲谋官,可从政;做学问,去高校;思闲散,回农村;图平淡,找个好工作就可以了。

虽然经商不一定能挣得腰缠万贯,但不经商肯定连机

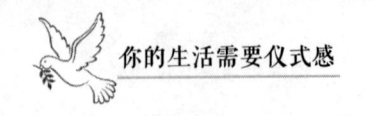

会都没有；虽然从政不一定能高官厚禄，但从政是前提；虽然现在有的高校鱼龙混杂，但那依然是做学问最好的地方，只要你经得住诱惑；虽然农村现在已经不如过去的草屋八九间，但青山绿水还有，鸡鸣狗吠不缺；虽然有一份稳定的工作不一定平淡，但这却是平淡最可能的状态。

这些是你选择的前提，也是你未来发展的最终方向。选择好了，那就奋斗吧！

想经商，你就去做生意啊，没本钱，可以从小摊小贩做起。很多大商人都是这么做起来的，至于最终能做到什么程度，就看你的学习能力和个人天赋了。

想从政，你得取得一定的学历，具备准入资格，然后参加公务员考试，争取成为其中的一员，至于最终是出将入相还是基层小科员，就看自己的造化了。

想做学问，那就努力读书吧，把本科读完就读研究生、读博士，然后去高校谋个差事，好好搞研究吧。至于最终的结果怎么样，能不能成为像钱钟书一样的大家，我们尽人事、听天命，顺其自然。

在这个过程中，你所付出的努力、所流下的汗水、所吃尽的苦头，一定会受到尊重。

虽然我们知道，即使如此，努力奋斗也未必能够实现最终的目标，就像哪怕你过五关、斩六将最终到达临门一脚的时候，却射偏了，突然脚抽筋了，受伤了，或者守门员太强悍了，让你失去了破门而入的机会——但是，那可以归结于运气，与努力无关。

如果这样，我们有资格将这一切交给命运，也有资格在失败的时候微笑着说：嗨，就差一点运气。奋斗的轨迹清晰可见，吃过的苦都吃在了明处，这就足够了。

当然，为了吃苦而吃苦，也是最糟糕、最愚蠢的吃苦方式。

我始终认为，吃苦并不是目的，我们每一个人都希望过着人上人的生活，但吃苦仅仅是为了达到目标必然的付出——更舒适地生活，更诗意地栖居，才是每一个健康生命的终极追求。

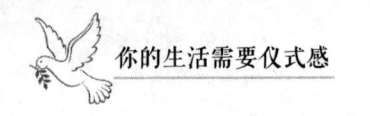

所有的奋斗都是一种不甘平凡

1

"我等了三年,就是要等一个机会——我要争一口气,不是想证明我了不起,我是要告诉人家,我失去的东西一定要拿回来!"这是《英雄本色》里小马哥的经典台词,已经成为港片台词的经典。

机会,这是一个特别能刺激人心的词语,几乎每个人都在念着它,盼着它。

当我又在聊天群里听到有人感叹"我们现在就是缺少一个机会"的时候,我突然沉默了。是我们缺少机会,还是机会缺少真正能胜任它的人才?

有的事情一反问,就会有趣起来。

记得前段时间,有一篇叫《你不优秀,认识谁都没有用》的文章刷爆朋友圈。

文章中说，只有资源平等，才能互相帮助！所以"很多社交并没有什么用，看似留了别人的电话号码，却在需要帮助的时候仅仅是白打了一个电话。因为，你不够优秀——虽然很残忍，但谁又愿意帮助一个不优秀的人呢"。相反，"只有优秀的人，才能得到有用的社交"。

我特别欣赏的一句话是："如果你不够优秀，人脉是不值钱的，它不是追求来的，而是吸引来的。只有等价的交换才能得到合理的帮助。"这话虽然听起来很无情冷血，但这是事实。

这篇文章所说的内容大概很多人都有切身感受，所以特别容易引起共鸣。

其实，不光人脉是这样，机会也是这样，这个社会很少有雪中送炭，更多的是锦上添花。

那就给我一个机会吧！

拜托，机会不是施舍给乞丐的，机会是留给能胜任它的人的！机会不是等来的，是你吸引过来的——机会也在寻找它真正的主人。

2

八年前,那时候我刚刚大学毕业,手里除了一本毕业证书之外一无所有。当时,除了少数几个人在参加各种招聘考试幸运地找到了工作之外,很多人都为了得到一份职业而不停地奔波,只要有考试,都会不辞辛劳地参加。但是,参加十次考试,也未必有一次能够成功。

原因很简单,我们没有工作经验,除了一本毕业证书,别人根本不知道你是否优秀。

无奈之下,我曾经去过北京,又跑到广州,但在这些地方找到的工作都不能令自己满意——我明明觉得自己可以做好更多的事情,但别人就是不给我机会。郁闷之余,我接受了省委组织部所谓"一村一大"的安排,去了某乡镇当村主任。干了几个月,实在不能胜任,便辞职离开了,到某小城里靠教学生作文和书法谋生。

不能说我找不到工作,但我找到的工作都不是我想要的,我索性放任自己只求温饱。那时候,我的心里有一个特别深切的信念,我觉得适合我的工作一定会在某一天到来——现在没有合适的工作，那肯定是老天爷想让我好好轻松一下。

我知道，如果有一天我要等的那个工作机会到来了，我会拼命地干，我会让所有人都知道我身上的能量。在同学们眼中，我大概是所有人中面对失业最为淡定的一个了。

我常常想，优秀和努力的人，结局一定是美好的，如果还不太好，那一定只是过程。这就像一条足够宽阔的河流一定会流入大海，如果不是这样，它肯定还在途中。

半年后，无心插柳柳成荫，我在贵阳某企业找到了一份工作，一干就是三年。

这三年里，我可能是整个公司出差最多的员工之一。这三年里，我获得的各种荣誉证书可以称好几斤，并且上级单位以及公司总部都希望我过去。而在之前，这是我想都不敢想的。

3

有一段时间，我曾大言不惭地说：我今天辞职，明天就会找到一份不错的工作。

为什么我能这么说？因为我觉得我可以用自己的经历证明我能干什么，并且干得怎么样。

只要你证明了自己的优秀，那么机会到处都是。从这个意义上讲，我们所说的优秀，并不是你认为自己优秀了，然后你就优秀了——而是你得有资历证明你确实比别人优秀才行。只要你能证明这一点，那么你根本不会缺少机会，甚至会为了机会多而苦恼神伤。

我有一东北朋友，大学毕业那年为了找一份工作奔波南北，后来好不容易在西部某省找到了一份乡镇公务员的工作，仅仅用了一年多的时间，他就被调到市委宣传部了。

原因很简单，那一年多的时间，他努力工作，用实际行动向领导证明了自己的出色——他很好地解决了领导心中的三个重要问题：我能干什么，我干得怎么样，并且闲暇时间还能干点其他的事。

事实上，当他刚到乡镇参加工作的时候，他觉得特别委屈，整个人也很消沉。

有一天，他给我打电话，说："哥们儿，你是我见过最乐观的人，给哥们儿说说吧。"

然后，我跟他瞎扯了一个故事：曾经，有一个人拿着一块石头到处推销，说这是宝玉，价值连城，他只需要用它来换一碗砂锅羊肉粉。但是，所有人都觉得他是个骗子，拿块破石头想骗吃骗喝，都不愿意给他一碗砂锅羊肉粉。后来，他实在没有办法了，就去找了一位工匠，求他把这块石头剖开。没想到，在石头剖开之后，世人都想着争夺它——因为这是一块绝世宝玉。

我说："你现在还是块石头呢，争取在乡镇工作的这几年把自己剖开来吧。"

于是，别人不愿意干的工作，他干；又累又苦又没有加班费的活，他也干。做的是单位的事情，锻炼的是他自己，表现的也是他自己——只要去做了，不管经验积累还是奖金，或者人缘，甚至留给领导的良好印象，总会落下那么一点吧。

这个世界，不会让踏踏实实做事的人吃亏。

一个乡镇公务员，一年往省主流媒体投了六百多篇稿子，最后发表了一百多篇的人，你觉得领导会不喜欢他吗？他证明了自己的勤奋，喜欢写，能写好——有这些特质，能说他不优秀吗？

我另一个哥们儿也是北方人。他总是有些怀才不遇的感觉，跳槽次数都快赶上跨栏运动员的跨栏训练次数了，他总觉得所有单位都没有重用自己，可能换个环境就好了。

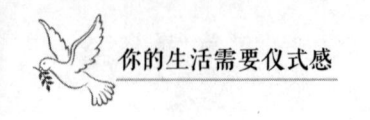

于是，他从学校跳到了国企，从国企跳到了杂志社，又从杂志社跳到了报社。

现在，他还是不满意，觉得单位还是没有重用他，总是让他写一些无关痛痒的小豆腐块报道。

这么些年，他除了频繁跳槽给人不安定的感觉之外，并没有向大家证明什么。

现在，他还在为找到一份满意的工作四处奔波，从没有哪个单位主动聘请他。

4

咪蒙说："当你不够强大的时候，你想要一个小小的机会都没有。当你足够厉害的时候，你的面前有一万个机会，你挡都挡不住。当你足够优秀的时候，你想要的一切都会主动来找你。"

不优秀的人，永远都缺少机会；而优秀的人，永远都是机会争着来找你。而我们说的优秀，是需要表现出来的，毕竟优秀不优秀不是嘴巴说了算。

做事是检验自己是否足够优秀的载体。如果你真的优秀而别人还不知道,那说明你做得还不够多;如果你做了很多事而别人还不觉得你优秀,那说明你做得还不够好。而没有脚踏实地去做事的人,不管你多么自我感觉良好,你连"不优秀"都谈不上。

林清玄优秀吗?优秀!他写了一百七十多本书,其中畅销书几十本。莫言优秀吗?优秀!他优秀的作品获得了诺贝尔文学奖。马云、乔布斯、王健林,他们优秀吗?优秀!这些人创立了阿里巴巴、苹果公司、万达集团。李小龙还让全世界知道了中国功夫!

你优秀吗?你优秀的证据在哪里?你哪儿来的自信说自己怀才不遇,报国无门?

对于那些说报国无门的人,我想说,国家需要勇士,而不是想要一个不怕死却不能战斗的废物。你以为只要不怕死就可以报国?那所有自杀的人岂不是都应该称为英雄?

你没有机会,那是因为你还不够优秀,或者说你还没有向人们证明你的优秀。

解决这个问题的办法只有一个字:干!

5

优秀是干出来的。

对于几十岁了还在挑三拣四、抱怨怀才不遇的人,我一般只会送给他两个字:活该。如果像这样不脚踏实地做事,还妄想一步登天的人都得志了,让那些兢兢业业的人还怎么活:扯谈!

想出将入相的男子,首先得让人看到你文韬武略的实力;想嫁入豪门的姑娘,首先得让自己变成金凤凰。因为,机会是对等的,更好的机会只会找更好的人。

你没有机会,只是因为自己还不够好。正如几年前,我参加某传媒集团应聘考试,被潜规则刷掉之后,女友对我说:"踩到狗屎了,把脚擦干净继续往前走,你总不能一直纠结在那里吧?再说了,别人为什么刷掉你——你虽然优秀,但还不至于到令他人舍不得放弃的程度,所以应该更加努力才是。"

那些比拼命努力更重要的事

1

我曾经写过一篇关于相面识人的文章，阐述识人、知人的重要性。但世界纷繁复杂，人来人往，一个人一辈子到底会和多少人产生交集，无人知晓。

但是，铁打的营盘流水的兵，不管世界如何斗转星移，岁月如何无情变迁，最终都要我们去一一面对——最核心的还是在于我们自己。因此，与其去努力认识有所交集的每一个人，不如先好好认识自己。

一个人，认识自己太重要了，如果连自己都不了解，你根本没有资格去追求理想和奢谈人生。

道理很简单，你不了解自己，你根本不知道自己能干什么，该干什么，又怎么有资格去追求理想？你自以为是

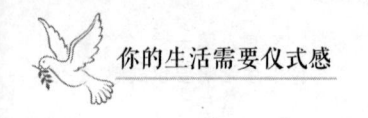

的理想，可能根本不可能实现。

所谓理想，是建立在理性基础上的向往，是可以通过努力就能实现的梦想，而不是遥不可及的奢望。如果你连恰当的理想都没有，只不过是一条案板上的咸鱼而已——作为一条咸鱼，又哪儿来的人生而言？

正确地认识自己往往是一件特别困难的事，要不妄自尊大、妄自菲薄，要不浑浑噩噩、稀里糊涂。包括我，有时候觉得自己的智商爆棚，一支妙笔就可以横扫万马千军，有时又觉得自己一无是处计穷智短，简直像烂泥扶不上墙——之所以如此，是因为我不够了解自己。于是，在顺境时总觉得自己天下无双无所不能，一旦遇到阻碍，信心瞬间熄灭，犹如吹灯拔蜡。

如果我能够客观理性地认识自己、了解自己，那么，我会在顺境时让自己保持理性，因为我知道那样的成功也可能是上天的眷顾；而在逆境时，我也知道自己的能力绝不限于此，这只是一时的曲折，我有能耐、有信心让这一切都化险为夷，转危为安；而在浑浑噩噩的时候，我也会提醒自己，如果身怀大才你不能辜负了上天的恩赐，如果我本平庸也会好好提醒自己，你没有挥霍的资本。

所以，认识自己是一件特别重要的事。

一个人在任何阶段都应该好好认识自己，如果你能认识自己，就像深夜里在无边无际的大海、在自己的心灵深处点起一盏明亮的灯塔，风雨兼程，永远都不会迷失方向。

2

问一问自己，你是什么样的人？你是什么样的人？你是什么样的人？重要的事只说三遍。你不需要向任何人回答或者介绍，但请你真诚地告诉自己，你所认识的自己。

记得，以前上学每到一所新的学校，同学们都会自我介绍。现在回想起来，那些自我介绍是多么可笑。其实，这样的介绍并不是真正的自己，更多的可能只是他们想象的完美自己。哪怕真的是在介绍自己，也是浮光掠影拣光彩的说，完完全全丢弃了阴暗的一面。

什么是真正的自我呢？

一个人如果想好好认识自己，至少要敢于对自己剖析，并且是一种由外而内的剖析，从外貌到性格，从家庭到社会环境，从天赋到努力，从已有能力到待开发潜力等，唯有敢于对自己进行深层次的剖析，才能够更深刻、更理性

地认识自己。

找一面镜子,好好地审视面前那个陌生又熟悉的人,好好看一看这张令人讨厌或喜欢的脸——身材有多高,体重有多重,身材是否标准,五官怎么样,是属于平凡无奇的路人乙,还是英俊潇洒或魅力四射的路人甲……

是的,你得认识到自己与生俱来的资本。然后,在这些资本中看看哪些是可以努力去改善,让自己变得更完美的,比如,外表除非进行整容手术,否则是不能改变的。

那么,我们能改变什么呢?

我们能改变自己的健康,改变自己的身材,控制自己的体重,至少通过努力可以让大肚腩变成三五八块腹肌,让自己看上去更加具备魅力。甚至,你原本是个不修边幅的邋遢鬼,到商场去买几件像样的衣服,然后理个清爽的发型,都能改变别人对你的印象。

再看看自己的家庭,看看自己的父母,看看自己的兄弟姐妹,三姑六婆。你家有钱吗?你的父母是农民、工人、领导,还是普通小商贩,或者普通上班族?他们有没有能力可以让你不劳而获,甚至锦衣玉食?虽然这样的认识是残酷的,是不公平的,但这就是活生生的现实,并且这往往成为人生无法逾越的桎梏。

如果你是，那么恭喜你，你一出生就受到了上帝的眷顾，你足够幸运，一生下来就可以比别人少奋斗几十年；如果不是，你就应该接受这个现实。我们做不了富二代，但至少可以努力去做富二代的爸爸——上帝永远不会把所有的路都堵死。

再看看自己的能力。记得有一篇文章叫《离开了位子你是谁》，是的，很多人离开了位子谁都不是，但有那么一些人却可以理直气壮地说，离开了任何地方，我都还是我。

能力是个太宽泛而又不好限定的问题，那么，我们具体一点说：你能干什么？你有哪些证书？

仔细想想，我能做一手好菜，还能够玩转一台照相机，或者写一手好文章。至于能好到什么程度，这是一个比较好衡量的问题，跟这个社会上那些厉害的人比一比就知道了。如果你足够专业，那么你应该有相应的鉴别能力，不至于妄自尊大，自以为是。

至于你有哪些证书，这个太容易了。上到学历证书，下到各种职业证书，你有几种？证书虽然不能够说明一切，却能够从侧面反映很多问题。你再有个性，也请不要轻易否认这个结论的正确性。

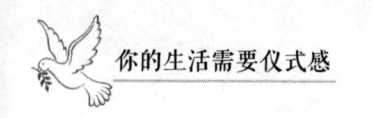

最后到了比较玄乎不好把握的问题——人品。你的人品好吗？虽然我不能回答大家什么是人品，但是从一些小事上，我们可以大概洞见一个人的品性。

你对亲人好吗？你足够孝顺父母、尊敬长辈吗？你对朋友真诚吗？能够做到两肋插刀、肝胆相照吗？你对爱人忠贞吗？你能够做到一生一世不离不弃吗？你对陌生人信任吗？你能够做到萍水相逢而真心相交吗？这些问题没有谁能够替我们回答，但我们可以扪心自问，在内心的深处一定有一个明朗的答案。

当然，这样的问题还有很多很多，比如我们做事的专注能力强吗？坚持够持久吗？我们能十几二十年专注地做一件事吗？

我们应该做的，就是好好给自己一个明确的交代。毕竟，这些事情只有自己能够回答，而这些综合起来，就会决定我们这一生的命运。

如果可以，请做一张详细的表格，然后一一对照，逐一填写，这就是最真实的你。

著名哲学家罗素说，性格决定命运。但对我而言，性格就是命运。性格虽难改变，却可以不断完善。

3

只有认识了自己,你才知道自己会干什么,能干什么,该干什么。什么是成功的人生?在我看来,所谓成功的人生,就是干自己会干、能干和该干的事,并且干得还不错。

我们谈到人生的成败,总是离不开事业和追求。我曾经在一本小说中写过一段话:环境决定选择,选择决定学习,学习决定成败。什么意思呢?你的自身环境,包括自身条件和所处的环境决定了你的选择。既然选择了,那你就应该投入学习,将你所选择的事情做到最好。

专业没有秘诀,专注于一件事时间够长、够深,就会成为专家。学习程度决定了最终的成败,而这一切都离不开一个前提,就是好好认识自己,你到底是怎样一块料。

你只有认识到自己是什么料,然后才会知道该把自己放到什么地方,才能成就最好的自己。

虽然我从来不要求每个人都像庭中有大鸟,不鸣则已,一鸣惊人,有着足以惊天动地的伟大能量和无与伦比的绝对天赋;我也从不觉得不管是任何人,只要努力了就会取

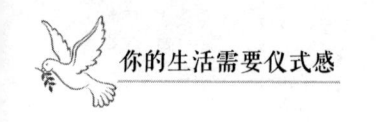

得非凡的成就，名垂千古——我只是想说，每一个平凡人生都应该扬长避短，将自己的才华展现到极致。

鹰击长空，鱼翔潭底，驼走大漠，每个人在生命中都曾经遇见过最好的自己。

什么是成功？这大概就是——不跟人比，跟谁比都不屑，一心只做最好的自己。

认识自己，不仅是改变命运的前提，也是守住命运的根本。哪怕天上掉下了大馅饼，你也会因为自己的无知瞬间被上帝收回，一夜之间，可能你就会变得一无所有。

除了前面所说的，全面地认识自己是为追求更好的人生打下坚实的基础之外，对于那些已经功成名就的人来说，也是一件绝对不能马虎的事。如果你不认识自己，不知道自己身处的大环境以及自己的能力，则容易得意忘形，一不小心就会身败名裂。

有的人一言毁一生，一个细节满盘皆输。这样的例子在这个时代比比皆是。

不要忘记自己是谁，这是一句带着双重意思的话。你功成名就了，要认识到自己现在正站在世界的顶端，世界瞩目，一言一行都会被大众监督，你应该谨言慎行，切不可引起公愤；如果你现在一事无成，要算算自己的本事有几斤几两，路漫漫其修远兮，同志还需更加努力。

还有很多在仕途上颇为得意的人，因为缺少对自我和所处环境的深刻认识，一时风光就以为自己无所不能。但人一得意忘形就会做出出格的事情，一旦做出出格的事情就会惹祸上身。所以说，哪怕你位极人臣，一人之下万人之上也终会有倒霉的一天。

古人说，山外有山，天外有天。你再厉害又能怎么样，比你厉害的人总有那么多。所以，哪怕你要风得风、要雨得雨，如果你没有认识自我，以及认清自己所处的环境，嚣张跋扈，那么，你头顶上可能一直顶着一柄利剑，一落下来，就会随时要了你的命。

认识自己是一辈子的修行，也是一辈子的福报，不管你是谁，或是混得怎么样。

4

来吧，今夜我们不谈爱情，不想远方和诗，让我们好好认识一下自己。一个人唯有清醒地认识自己和自己所处的世界，他才会在失意时不气馁，在得意时不忘形。

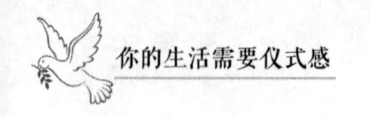

认识自己，可以更加完善自己；认识自己，可以不那么刻薄待人，自以为是；认识自己，便不那么迷茫，患得患失——千万别这样：得意时趾高气扬无法无天，失意时如丧家之犬灰头土脸。

认识自己，我们可以做到威武不能屈，富贵不能淫，贫贱不能移，始终保持最好的自己。认识自己，我们知道自己在社会中的地位和定位，守住内心灯塔的微光，可以更加有尊严地做自己。

我有一个朋友，他热衷各种成功名人的励志故事，成天想着自己会成为下一个马云，下一个中国的巴菲特——跟我们说的时候，总是宣扬他的宏大理想。然后，如果我们说两句消极的话，他就会呛人："你怎么知道我不行，阿里巴巴没成功之前，谁会知道马云？"

这样的话让人无言以对，是啊，那些特别励志的名人在没成功之前，谁知道他们会取得今天的成就呢？但是，话虽如此，我们不知道马云会成为马云，但马云自己一定会知道——如果他不深刻地了解自己，他就不会在曲折反复的过程中有如此坚定的坚持。

记得功夫巨星李小龙说过，人不了解自己的时候是最糟糕的。他对弟子们说："我无法教你什么，只能帮助你研究你自己。"同时他也表示,最强的武者不是把自己练习成机器,而是充分认识自己的身体,把身体的天赋发挥到极致。

认识自己,发现自己,表达自己,堪称李小龙功夫哲学的灵魂。功夫如此,生活上的很多事情不也是如此吗?认识自己,永远是精英群体讨论的,或者成功哲学中最核心的内容。

唯有认识自己,你才知道自己的方向——是雄鹰就练习好翅膀,一朝搏击长空;是巨龙就得积蓄着力量,待风和日丽之时入海乘风破浪;如果你只是蝼蚁,就安安心心做自己,搬运食物,建造房子,晒晒太阳,吹吹风,享受简单和平凡。

别鄙视,做好自己最难!成功学虽然很励志,但让一只蚂蚁去挑战大象,让一只菜鸡去挑战飞翔,是喜剧,也是悲剧。

与其在成功学的熏陶下激动不已,不如在认识自己之后从容淡定。

俗话说,人贵在有自知之明。所谓自知之明,就是能够清醒客观地认识自己。因为,能够认识他人,你可能驾驭整个世界;而能够认识自己,却可以拥有整个世界。

别在吃苦的年纪选择安逸

1

记得一年一度的 NBA 选秀终于落下帷幕时,当选的状元本·西蒙斯接受采访时,被誉为"下一个勒布朗"和"更高大的魔术师"的他说:"我不想做下一个谁,我只想做自己。"

一般来说,很多人听到这句话都会觉得这孩子有志气:我不愿做谁谁谁,我就是我,我就要开创属于自己的时代。

不过,在我看来,说这种话的人往往分两种,一种是夜郎自大、目空一切的愣头青,说话基本上不过大脑,觉得自己就是天底下最牛的人,不明白三人行必有我师,也不知道山外有山、天外有天的道理;另一种是懦弱者的虚张声势，他们很清楚自己做不了谁，也不愿意试着努力去成为谁，他们在自己的小天地里甘于现状，也许一辈子也不会有什么让人引以为傲的成就，但他们就像只倔强的小公鸡：我就是我。

我无意去批评本·西蒙斯的自我感觉，也不想去嘲讽那些无一技之长的人口口声声说做自己，但是我想说：很多口口声声说要做真正的自己的人，根本不知道真正的自己是什么样子——既然你连真正的自己是什么样子都不清楚，你又怎么去做呢？

所以，这句话更像是一句铿锵的口号，实际上可能一丁点的实在内容也没有。

因为，站在成功者的角度上去看，很多伟大都是一种传承——你是自己，但也是站在巨人的肩膀上。就像乔丹所言：科比偷走了我所有的技术，他是唯一可能击败我的人。至于科比之后，投中一记决定总冠军归宿三分球的欧文说："那一刻，我满脑子里都是曼巴精神。"

所谓曼巴精神，是外号"黑曼巴"科比提出的，那就是，不管任何时候都无所畏惧的专注与担当的精神。

令人感动的是，今年科比正好退役，在一代传奇巨星退役的时候，另一位年轻的巨星将这种精神传承了下来，

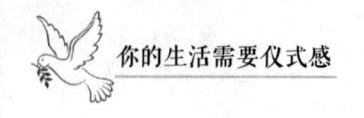

一代一代，生生不息。

什么是伟大？这就是！

2

我曾经接受过一段时间的美术培训，后来又参加了一些业余的书法培训，自己本身喜欢写作，常常涂抹一些七零八碎的文章，也因为工作需要接触过摄影摄像。在入门阶段，所有前辈对我说的一句话都是：先看看别人怎么做的，多看多想，学习是从模仿开始的。

曾经在工作中遇到一位记者，在应聘的时候，理工科出身的他是怎么打动招聘老师的呢？他说，他没学过新闻写作，但是他每天都会看新闻头条，把觉得写得好的作品拿出来分析，看看别人是怎么写的，结构如何，角度选择怎么样，看多了自己就开始学着写。

招考老师就问他最近分析过哪些作品。他舌灿莲花地把近期的几篇好文章分析得头头是道。

什么是专业，这就是！

他被录取是顺理成章的事，现在已经在行业内混得如鱼得水，甚至当上了小领导。

实际上，很多在某个领域取得杰出成就的人，从来都没想过要做自己。相反，他们在成长的过程中，心中有一个伟大的标杆，一片向往的草地——穷其一生，只为了站上梦寐以求的平台，无比努力地去接近他们心目中的神。

为了成为那个人，他们在之前很长很长的时间里，会去反复研究、学习那些曾经到达那个地方的人是怎么想、怎么做的。

周星驰在成名前并没有想成为独一无二的电影巨星，他只是一个李小龙的粉丝，他曾经很努力很努力地去接近偶像，最后他发现自己成不了李小龙。不要认为周星驰成为周星驰是因为他坚持做周星驰，相反，周星驰成为不一样的周星驰是因为他曾经非常努力地想成为李小龙。

也正因如此，那段青葱岁月为他日后成为周星驰打下了基础，他的《少林足球》和《功夫》，处处都留下年轻时追求偶像的痕迹。就像科比，他无限学习乔丹，很多动作、神态甚至能够达到神似，但最后他成了科比。

你想成为谁，谁都阻碍不了。但是你却没有勇气去努力成为谁，没有勇气去努力接近谁，这才是自己人生故步自封的最大障碍。

3

记得《史记》中有这么一个故事：

话说当年秦始皇出游，刘邦和项羽都远远地看着，刘邦感叹："大丈夫当如是也。"而项羽却说："彼可取而代也。"

英雄豪气，异曲同工。后来，这两个人成了中国历史上著名的"楚汉之争"的绝对主角。

想做自己不难，难的是成为你向往的那种人。因为，每个人都是未成品，对于真正的自己没有具体的标准——上可以是人生赢家，绝对的强者；下也可能是无能之辈，苟且的小混混。拿刘邦来说，在他没有运筹谋划最终成为开国皇帝之前，谁又知道他的命运？

每个人在盖棺定论之前，根本不知道自己这一辈子是怎么过的。

同学少年都不贱，每一个生命都具备无限可能，但这种可能性包含两个方面：或积极向上，或命运不堪。哪怕你年少时天赋异禀，也可能中道崩殂，或江郎才尽。生命中有太多的偶然性，可能好运气会为你加分，也可能命运的曲折会让你根本没有机会让天赋变现。

而往往，排除不可预见的因素，阻碍自己成就伟大的是弯路上的耽误。

曾经，我颠沛流离寻找人生的定位，当我知道自己想要什么的时候，很遗憾，因为很多当时触手可及的机会已然流逝了。这就好比曾经遇到过的好姑娘，当你意识到自己喜欢她已经错过的时候，再回去是不可能了。

之所以会发生这种情况，很多时候并不是自己没有能力去抓住机会，而是当时的自己没有意识到应该努力去抓住那样的机会。

关键还是在于，成长中的我们根本不明白自己想要什么，努力去追求什么。换一种说法，你根本不知道真正的自己应该是什么样的，什么样的你才是最好的自己。

既然你都不知道最好的自己是什么样的，去谈成为最好的自己就是一个伪命题。

这样的伪命题听着铿锵，实则是自欺欺人罢了，不用兑现，也没办法兑现。毕竟，在人生中最终呈现的状态都可能是最好的你，因为你缺少参照——你的目标始终是一个没有具体参考的虚无设定，你只是一只无头苍蝇，在人

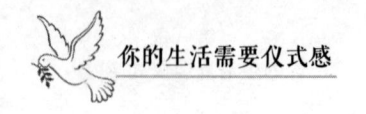

生道路上瞎撞。

这样的人生是很迷茫、很被动的，永远都是摸石头过河，不知道主动出击。

4

偶像是一个很有价值的存在，它可能为年轻的追梦者找到奋斗的方向和人生的借鉴。

我很喜欢一句话：如果说我看得远，那是因为我站在巨人的肩膀上。很多取得伟大成就的科学家、艺术家，他们并不是白手起家，自成一派，而是在继承和吸收前人的基础上发扬光大的——平地起高楼，需要在平地之下有着旁观者所看不见的深厚地基。

你想成为最好的自己，这只能是一种愿望。如何成为最好的自己，我们应该在现实生活中去寻找那个与理想中的自己最为接近的人，并以他为目标进行奋斗，也许人生会明朗许多。

努力去成为最优秀的人一点也不丢人，一事无成，还喋喋不休地说只想成为最好的自己才可耻。

如果你能成为第二个马云，第二个马化腾，第二个比尔·盖茨，有什么不好？他们在行业内的高度，在现阶段已经成为标杆。也许你未来的成就远高于他们开创的新时代，但在还没有达到他们的高度之前以他们作为标杆，未必不是一种美妙的尝试。

不过，我们都知道，前人的成就未必那么容易挑战，如果你选择挑战他们，必然会付出代价——想成为乔丹甚至超越乔丹的科比，让"凌晨四点的洛杉矶"已经成为美丽的传说。

你想成为那些优秀者的同类，你必然付出和他们一样，甚至比他们更多的努力。而这样的挑战，懦夫和平庸之辈是没有勇气去进行的。因为，他们必然承受不了挑战传奇所要付出的绝对努力、绝对信心和绝对勇气。记录是用来打破的，但不是随随便便就能打破的。

从这方面讲，那些口口声声只愿做自己的人，如果不是已经成为传奇或接近传奇，那么，他们不是不知天高地厚的狂妄之徒，就是目光短浅、孤芳自赏的井底之蛙。

你不愿成为乔丹、科比，不愿成为莫言、冯小刚，你以为他们稀罕你成为他们吗？

5

我一直认为,有些人的想法只能当过眼云烟,那就原谅他们的年少无知罢了。

比如,有的人口口声声说,难得糊涂!可你知道什么是真正的难得糊涂吗?难得糊涂那是人家已经站在了云端,看清了尘世的一切,于是看穿而不说穿。而我们可能自己都活得稀里糊涂的,却说难得糊涂,不是很可笑吗?

还有一些人年纪轻轻就说自己淡泊名利,但是他一文不名,用得着淡泊吗?如果你名满天下、功成名就而选择低调,那似乎还说得过去。还有一些人,一事无成特别平庸,却声称要做最好的自己。

最不难的就是做自己,因为你现在就是自己,而想成为别人才是挑战。

好比说,你现在想成为周星驰,但那是你想成为就能成为的吗?有的人说那是因为我不屑——可以,但所谓的不屑是我能,而我不做!不是我不能,我不做,我还死鸭子嘴硬死不认输。

第一辑
你的生活需要仪式感

每个人的梦中都有一个理想的自己，而理想中的样子，也一定能在现实生活或者历史长河中找到"偶像"。你最好的奋斗方式，是努力去接近自己认可的那个"偶像"——因为你能从他身上找到方向，甚至借鉴方法。而这，基本上是很多成功人士的发展轨迹。

做自己一点都不难，难的是做最好的自己。做最好的自己，就是你理想中最完美的样子，而这个最完美的样子，其实就是你在现实生活中遇到的那个让你着迷的、完美的人——他应该是你努力的方向。

不管承不承认，他就在那里，就在你心里。

既不甘堕落，又不思进取

1

我是一个特别能折腾的人，原本也非常敬畏稳定的生

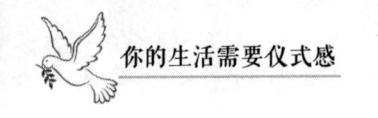

活，毕竟听很多人说过，稳定是梦想的坟墓，很多人都是因为生活在稳定的环境中，像温水煮青蛙一样消磨掉自己的斗志而沦为平庸的。

每每听那么多过来人说起，那感叹就像泛滥的下水道一样不断地泛出泡沫，涌上来一阵阵酸味。但是，当我折腾了几年之后，尤其是现在朝九晚五的工作忙得像狗、累得像牛一样之后，我开始反思。我觉得自己被骗了，稳定没那么可怕，而动荡也没那么迷人。

稳定的生活是一种恩赐，就像太平盛世一样值得珍惜，那些向往兵荒马乱的人，并不正常。这种情况并非没有，比如我一个朋友，他特别不热爱和平，觉得生在这个时代简直浪费了他操纵万马千军驰骋沙场的军事才能，他总是梦想着有一天爆发战争。

乱世出英雄嘛，搞不好一场仗打下来就功成名就、拜将封侯了，哪里用得着像现在这样朝九晚五赚着微薄的工资养家糊口，活得就像墙上挂着的钟摆一样规规矩矩。

对于他的这种想法，我给予的诊断特别直接：有病，而且病得不轻！

事实上，每一个在稳定生活里沉沦的人，都只是在为自己的甘于平庸找个借口罢了——乱世固然可以出英雄，但你敢保证英雄就是你吗？在太平盛世都没有做出一点像样事业来的人，谁又敢保证到了乱世需要英雄的时候，他能立刻变身超级英雄拯救世界？

须知，一位大英雄光靠不怕死是远远不够的，不怕死的人多了去了，他还需要机会、智慧和胆识等综合因素。

而我相信，一个人如果有足够的智慧与胆识能在乱世成名，那么，他也一定有足够强大的力量让自己在和平年代成功。相较而言，和平年代成功的难度远比乱世成名小得多。

相同的道理，与动荡起伏的日子相比，稳定的生活是一种福报，至少你不用担惊受怕，不用忧心忡忡，可以一心一意地做自己想做的事情。

成功的方式有很多种，而在兵荒马乱之中脱颖而出的毕竟只是其中之一，并且是最为艰难的一种。平淡的生活，朝九晚五，老婆孩子热炕头，多滋润啊！成天想着让自己陷入陷阱，只能说明你在犯贱！

一个很简单的例子，那些从小条件好的孩子，其成才、成功的概率远远大于过着饥寒交迫的生活的孩子。所谓"自古英雄多磨砺，从来纨绔少伟男"，实际上只是一句励志名言。

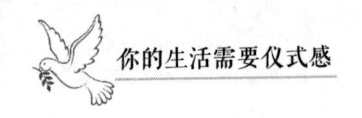

为什么需要励志故事，大抵因为这个概率实在太小了，小到能够出来那么一两个典型就足以鼓舞人心。就像NBA的舞台上，如果出现一张东方面孔，便足以成为其民族的骄傲和自豪。

2

现在仔细想想，风轻云淡的稳定日子其实最适合追求梦想。哪怕此时此刻，你的梦想不在你所生活的地方，它也特别适宜你为了将来去追求梦想，做好充分的准备。

朋友老陶大学毕业后，回到家乡小镇当中学教师，过着朝九晚五平淡无奇的生活。

有一天，他跟我通电话的时候发出感叹："我一眼就已经看到自己的未来了。"能发出这种感叹的人，大抵已经觉悟到了需要改变。他想过去远方，寻找诗歌和姑娘。但父母都健在，他是一个独子，留在老家侍奉双亲是义不容辞的义务和责任，肯定不能一走了之。

只好留下来了。就像他说的，小镇太小，小到他可以站在路口，透过黄昏的夕阳就能看到自己的未来——在若干年后的老街拐角处,步履蹒跚。

这对一个二十七八岁的人而言,如同灾难。

老陶知道,自己绝不能让这样的悲剧发生,这和等死没什么区别,他不能提前养老。他决心改变,不能改变生存环境,至少还能够改变自己的心态和精神面貌。

老陶喜欢书法,有些功底,他决心用业余时间来继续追逐自己曾经有过的书法梦。几年后,老陶练习书法从颜体柳体,最后到了魏碑小篆,在练习之余,还潜心研究中国书法的历史。再后来,我看老陶临摹的很多书法名帖简直可以以假乱真。

因为老陶是中学老师,后来又留意学生的字,他开始模仿学生的字。虽然学生的字很多写得歪歪扭扭,但老陶在研究他们的字时,从中发现很多幼稚和天然的东西,并把这些东西揉进自己的创作中,这让他写的书法别具一格——写得好的人很多,但他写得更有情趣,更有特色。

后来,老陶参加了几次全国书法大赛,获得了金奖,他的书法作品还曾被高价拍卖过。

几年前,老陶接受本地一所师范院校的邀请,去美术系教授书法。不久,他又编写了几本书法教材,在期刊上发了几篇研究中国书法理论教育的文章,学术成就突出,

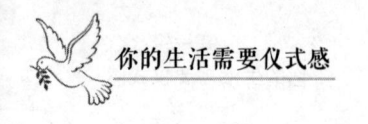

评上了副教授。

一直到现在，老陶都没有去过远方，哪怕现在他在大学教书，学校到他家的距离也不过十几公里。但是，老陶不会再发出"一眼能看到自己未来"的感叹，因为未来不可限量。

3

我不否认那些背井离乡的追梦者最终实现理想的励志故事，也确确实实有那么一些人因为离开故乡才获得了更大的机会，并最终实现梦想，找到了自己的诗意。

比如王宝强，他就是从小离家去少林习武，然后在各个影视基地漂泊数年，终于成了一名影视明星。但这样的方式毕竟过激，我们只知道一个王宝强，却不知道千千万万的路人甲最终把激情全部消逝在了追逐的路上。

如果说稳定的生活是埋葬梦想的大敌，难道动荡起伏就能够让你挥斥方遒？

有人说，人都是逼出来的，置之死地而后生。其实很多时候，置之死地就死比置之死地而生的概率要大得多。

试问诸君,谁又能保证自己就是那个生还的幸运者?

环境逼迫一个人固然有作用,但关键还在于自己内心的冲动是否有足够的能量。

音乐人张超,一个生活在贵州偏远小城的年轻人,他没有为了追逐梦想去北漂,他的成就就是从小城开始的。说到这里,可能很多人不知道他的名字,但一定听过他创作的歌曲,包括《荷塘月色》《最炫民族风》《自由飞翔》等,无一不风靡全国。

其实,很多现在享有盛名的作家在成名之前的生活也特别稳定。树下野狐、辛夷坞、花千芳等这些知名作者,在成名之前都有自己的正规工作。

据调查,网络作家主要有三大类:一是学生,主要是大学生。他们有一定的文字底蕴,利用课余时间在网上看别人的小说,有了灵感就开始自己写小说并连载。现在很多有名的网络作家,都是学生时代就在网上发表小说的。

二是有一份正当职业,把写小说当副业的人。比如《明朝那些事儿》的作者当年明月就是公务员。

三是从前面两种人群中发展出来的职业作家。因为作品卖得好,收入比较可观,有了足够的资本,就干脆辞职投身文学创作。

反过来说，如果他们过着水深火热的生活，怎么可能写得出这些汪洋恣肆的作品？相反，稳定的生活环境，为他们追逐理想提供了足够自由的空间。

4

诸葛亮出山之前隐居卧龙岗，阅书万卷，静观天下；姜子牙干脆安安静静地享受渭水河畔的优雅，不紧不慢，一直等到八十岁才等来了自己的明主。他们在出山之时，天下震动——真是应和了"不鸣则已，一鸣惊人；不飞则已，一飞冲天"！

虽然日后的战争成就了他们的万世英名，但之前的稳定却是为以后成名打下基础的好时机。

我真正佩服他们的不是举世无双的智谋，而是身在卧龙、渭水却依然心系天下。也正因为他们身居山野心系天下，才有了日后的指点江山，拜将封侯。

前段时间，朋友圈中一直在吵吵嚷嚷着诗和远方，似乎稳定和远方是天生大敌。不过，如果你问那些心心念念诗和远方的人，他们的诗在哪里，远方又在何处时，多半茫然不知，回答不上来。

诗和远方虽然是很多人的愿望，但真正的远方不限于地理位置，而在于心中的信念。如果没有执着和热爱，到了哪里其实都只是去流浪。

梦想的意义不是流浪，而是归宿。

我们讨厌的不应该是生活的细水长流，情感的天伦之乐，父母的柴米油盐，工作的鸡毛蒜皮，而应该是我们已经失去勇气的心，乏力的四肢以及慵懒的精神，还有对追逐梦想的失望。

心怀梦想，在哪里都是远方；胸中有文墨，鸡毛蒜皮都是诗，点点滴滴可成文。

诗和远方，对有的人来说是音乐，有的是文学，有的是绘画，有的是武术，有的是天下。这都可以称作真正的诗和远方，而对于诗和远方就是诗和远方的人来说，其实毫无意义。

他们讨厌的不是稳定，而是处在这个位置上却没有更好的享受和更潇洒的自由。比如，一个讨厌在县城工作稳定的人，其实他讨厌的可能并不是稳定，而是工资不够用罢了。如果你突然给他百万年薪，他立马屁颠屁颠地享受起来，每天喝酒吃肉打麻将，不亦快哉！

5

我始终愿意相信，稳定是一种恩赐，是一个人追逐理想、发展自我的最好机会。

因为稳定，你可以有足够的时间学习、健身，发展兴趣爱好；因为稳定，你可以用足够的专注来对待你的工作，而专注是成就事业最关键的品质；因为稳定，你可以没有任何压力，一身轻松地去做自己喜欢做的事，哪怕不务正业也不必有太多的顾虑。

稳定的生活多么美好，很多人都会因为生活环境的稳定而受益匪浅，而你却在抱怨这样的状况给自己带来了伤害。其实，稳定的不是生活，是你已甘于平庸的心——你已经放下画笔、吉他和书本，又还在恋恋不舍地纠结什么？

我觉得，哪怕生活动荡起伏，信念和热爱始终如一才是真正的稳定。

我想，你绝对不会去抱怨自己的日子太稳定了，每天居然有这么多的时间可以让自己自由支配。

你羡慕的波澜壮阔与精彩绝伦，其实并不是因为他们一直生活在水深火热中的结果，而是——哪怕生活在水深火热之中，他们也从未放弃梦想和希望，念念不忘，才终有回响。

你的生活需要仪式感

1

我常常混迹在各个网站论坛与公众号中，寻思着喝些"鸡汤"来补补我那渐渐力不从心的激情。只是看了一圈之后，我发现自己想要喝的"鸡汤"一点也没喝着，倒是被灌了不少地沟油。

就拿前几天看的一篇文章来说，大概意思是"你总失败，因为你太在乎"。我本来以为这是一篇谈情说爱的文章，正准备好好八卦一下男女主角，但看着看着不对啊，人家是鸡汤文呢。

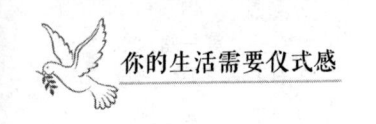

文章的核心内容很简单，一件事如果你太在乎了，心理压力大，所以就会失败。与其如此，不如放下所有的包袱轻装上阵，放手一搏，反而更容易成功。

我觉得这个理念或许有正确之处，但从"瓦伦达效应"到今天都一百多年过去了，理念还没有发展起来是可怕的。瓦伦达的失败并不是因为在乎那么简单，而是他的这种在乎没有转化为对竞技的专注，而想了太多太多走钢索成功之外的东西。

与其说他太在乎，所以失败，不如说他之所以死，因为走神；他之所以败，因为分心；他之所以输，因为不够专注。

以前玩网游的时候看到这样一句话：认真你就输了，但不认真你连输的资格都没有！

这才是真理啊！输的原因其实不是因为太在乎，而是因为被竞技之外的事情干扰，想多了，走神了，开小差了，所以瓦伦达一不小心就摔下去了，结果一命呜呼。

感叹完这篇文章之余，我就想到了最近在各个朋友圈中反复读到的类似文章——一个老套到像木乃伊似的观点，一番包装后重新上市，竟然还有人叫好。

我知道，这个理念在有人提出之初，一定是美妙的，令人鼓舞的，但在反复提起之后，又不看看时代的变化，那就成了地沟油——不是所有的地沟油从一开始就是地沟油的，它们最初的样子可能还是上等的橄榄油，原生态呢，但反复回收利用之后就变成了地沟油。

这样的地沟油，经常出现在各种心灵鸡汤文中，并且不少人还靠炮制它们为生。

比如，很多人从小到大都读过一些名人名言、哲理格言：天行健，君子以自强不息。地势坤，君子以厚德载物。这些哲理名言给人的感觉就仿佛不败金身，无懈可击，有道理得没道理可讲。

2

这让我联想到最近常听到的一句话：年轻人，要多到艰苦的地方去锻炼。

这句话让我的一个好朋友 L 当了真，挺优秀的一个女孩跑到边远小镇去当调查员。

事实上，最能锻炼人的地方不是基层，而是高层。这就好比，最容易长学问的地方并不是贫困山区的希望小学、

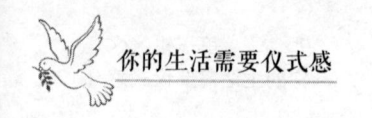

乡村小学，而是哈佛、牛津、剑桥等名校。

如果让一个大学生毕业后就到村里去当乡村教师，十年之后，他肯定不会因为锻炼而成为知名教育者；相反，如果一毕业他就去了知名公司当助理，十年之后，很可能会成长为有远见的总经理。

当然了，面对严峻的就业压力，国家引导一部分年轻人到基层去分流就业压力，提高基层干部队伍素质，于整个社会来说都是积极有益的。

只是，这个现象本身给我的启示是：很多看似有道理的话，其实特别没意思。

就拿我们常常说的"人要适应环境"这句话来说。达尔文说："物竞天择，适者生存。"从物种进化论上来讲，也许没什么问题，但若用到人类社会上来，用到个体上来，就有些牵强附会，甚至可笑了。

我不否认那些适应环境的人具有很强的生命力，但适应环境本身就是一件可怕的事情。

在曾经的一段基层生活里，我结识了一些四十几岁的朋友。中老年男人的理想，是把梦越做越小，蓦然回首，最后只剩下唏嘘和惆怅。

我们必须明白，并不是只有你才有理想——每个人在年轻的时候都是有理想的，只是在适应环境的过程中，习惯是最可怕的妥协，因为你已经习惯了过庸碌的生活。

适应本身可能真的是坟墓。老虎何等威风，但习惯笼子之后就不再是百兽之王，而是人类的玩偶；苍鹰何等气派，但被主人驯化后就成了捕猎的工具；你我有什么了不起，当我们习惯了生活的按部就班、碌碌无为，若干年以后也就是年轻人眼中的糟老头子。

这不是笑话，也与能力无关，而是你适应了生存环境。这么说吧，适应环境只是没办法的办法，是委曲求全，苟且偷生。

年轻人，一旦适应了某一个地方的环境，可能你的将来就成为你身边那些比你年长十几岁，甚至几十岁的人——他们的过去就是你的现在，他们的现在就是你的将来。所以，适应环境本身，从个体生命上讲是强大的，但对于一个人的发展和前途却是消极的。

每个人的身上，其特点、特长都是不一样的，就像世界上没有一副包治百病的方子，也没有适应任何环境的人。人的成长，环境至关重要，所以"孟母三迁"成了美谈。

3

在这里,我想说的是:年轻人,适应环境只是权宜之计,努力去选择适合自己的环境才是王道。

环境既能毁人,自然也能成就人。所谓适应环境的论调,不过是让大家要安于现状,逆来顺受,终此一生罢了。但我们要注意一下,但凡成大事者,都是不适应于环境的,或者是不愿意去适应环境的,而是为了改变环境做出了终生的努力,甚至殊死搏斗。

战国时代,策士文人,朝秦暮楚,为的就是遇到明主,英雄有用武之地,施展一身所学。这里特别说明一下,朝秦暮楚本身并不是一种背叛,而是对自己的负责。

如果你遇到一个非常糟糕的老板,却死心塌地跟着他,这不是在实现成功,而是愚忠——你背叛了你的天赋,背叛了你的才华。

环境的惯性也能成就一个人。如果在一个大家都好学上进的环境里努力奋斗,那你就算是一个小混混也会受感染,终会有所成就。比如说神话故事里,一些动物妖孽在寺院里听佛经，听得多了它们也可能会得道成仙。

这个道理本身是，有的人运气好，出生在有益的环境里，纵使天分平平也会有所建树；有的人没那么幸运，出生在乱石丛中，终其一生也发挥不出生命所应有的能量。

所以，我想说的是：生命之源不可左右，命运却可以去选择。人，不应该去适应环境，而是去创造机会，去选择一个适应你发展的环境。好比姚明学不会踢足球，就应该想办法到篮球场上去；周星驰不应该去当厨师，而是应该拍电影。因为，那才是最适合他们的奋斗环境。

每个人都具有很强的可塑性，并且这个可塑性很大程度上并不是由自己决定，而是由环境决定的。

在原始社会，你认为那时的人的智力不如我们吗？恐怕未必，只是因为各种积累不够，他们所能达到的高度有限。"百花齐放，百家争鸣"说的并不是在某一时代突然出了那么多杰出的、有才华的人，而是宽松的环境成就了这些人。

劳动虽不分贵贱，却有舒坦与艰苦之别，就如打扫厕所多半是为生计所迫一样。

如果你去跟打扫厕所的阿姨说：明天你去办公室里工作吧，一个月给你一万块钱。我想，她不会因为高尚而拒

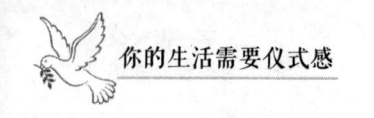

绝。人之所以奋斗和努力，就是想生活在一个更加优雅的环境里。而只有在一个更优雅、更舒适、更接近自己天性的环境里，从社会公益上来讲，他对社会所做的贡献才更大。

所以，那些看似冠冕堂皇的话，其实早已经不再是什么心灵鸡汤了，它们已经不再适宜这个时代，早变成了地沟油——我们可以相信，一个小公司的基层职员可以成为知名公司的 CEO，但千万不要相信那是因为去基层锻炼的结果。

文章天下事，一半良药，一半毒药。不管是地沟油，还是心灵鸡汤，只对有心的、会反思的人能起到真正的促进意义。所以，不管你是读书，还是听人劝，或者像我一样在寻找心灵鸡汤，关键是要带着脑袋去思考才行。

就像著名主持人柴静说的一样：苦难不是财富，能够被反思的苦难才是财富。

同样的道理，那些所谓的哲理名言、心灵鸡汤也并非都是好东西，有的或者已经过时了，有的或者早沦为了地沟油。每一个评论各种社会现象的人都需要自己的判断，而这种判断的能力叫智慧。

问题背后的问题

1

我媳妇的老家在湖北某地,虽然湖北是鱼米之乡,但很多湖北人都背井离乡外出闯荡,几乎在全国各地都能看到他们的身影。

每次过年回家,简陋的乡村公路上各种豪车你拥我堵,我曾经在乡镇的十字路口被堵了三个小时,很是崩溃。

后来我发现,精明无比的湖北老乡买辆豪车开回老家,可能并不是生活和工作的需要,仅仅是为了让左邻右舍投来艳羡的目光罢了。陋习啊陋习,再精明的人也无法避免炫耀之心。

湖北老乡还有个特点,每逢过年回乡,不是打牌相互博弈,就是讨论做什么行业赚钱快。

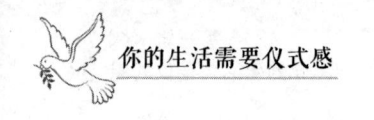

这一天晚上,我和朋友们吃完饭后,他们又在讨论明年做什么能赚钱,五金建材、服装、超市、快餐副食、装修,每个人都在谈论自己所在地方的各种状况。

我左右一看,仔细一听,暗地里一算,一屋子里十来个人几乎把整个中国都铺遍了。各大城市就不用说了,新疆、西藏、海南、内蒙、甘肃、云南、黑龙江,哪怕条件再辛苦之地都能发现湖北老乡的踪影——看看街上的车牌,简直是全国大联欢。

他们正七嘴八舌地各抒己见,其中一人看我不说话,便问我觉得做什么项目靠谱。

我脑海里闪过一个段子:我要知道的话,自己早发财去了,干吗告诉你?不过,我仔细一想,还是说了一句:"做自己最适合做的,能做到最好的,就是最靠谱的。"

这话虽然听上去像一句废话,但也是一句实话。就拿湖北老乡最感兴趣的生意来说,从来就没有好项目和坏项目一说。如果有,也不过是他们自以为是的定义或分类罢了。

2

一转眼,我已经在社会上摸爬滚打八九年了,其间我从事过很多不同的工作,并被前同事戏称为"跨界之王"——毕竟,你可以想象一个教书的人去从事行政工作,却很难想象一个玩了好几年文字的人去卖猪肉!更难想象一个卖猪肉的人,可能又拿起笔玩起了唇枪舌剑的勾当。

这么说并非炫耀自己有多么牛,只是想说明一个问题:我吃过很多的盐,喝过很多的汤,走过很多的路,跨过很多的桥,认识过很多的人,当然也见识过各行各业——尤其认识不少创业的年轻人,有的白手起家做到风生水起坐拥千万身家,有的揣着父母准备的一大包现金做到人散财空一无所有。

做生意这件事,根本不看你手里有多少现金,一旦投放进去便覆水难收。

有个朋友开了几家二十四小时连锁便利店,一投七百万,半年关门,损失三百多万。面对这种损失惨重的情况,他长叹一声:"唉,都是自己看不准,项目不好!"

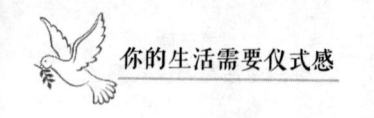

真的是项目不好吗？虽然我们承认做生意有时候得靠些眼光和运气，比如炒房啊，囤积各种货物啊，但他们做的那些生意，在我看来与眼光和运气根本没有半点关系。

开超市、做餐饮、做快递，这根本就是人们三百六十五天几乎天天都需要的东西，和眼光、运气有什么关系？卖得多就赚得多，卖不出去就亏本，就是这么简单。

买卖在我看来是没有秘诀的，大生意靠走，小生意靠守，一是人得勤快；二是货好就卖得好。如果生意做不动，只可能存在两个问题：一是地方可能选得不对；二是服务质量太差了。

第一种可能几乎不存在，就我所知，朋友的那些铺面都在市中心，人流量特别大。那就只能是第二种情况：产品不好，服务质量太低，与项目选择无关。

问题出在哪里呢？答案是：经营者。是你自己做不好，不是项目不好。

在我所经历的这九年当中，遇到过很多人说的所谓的失败项目，包括自己经历的一些失败，总结起来，项目选择失败的可能性很少，甚至没有。很多人的失败，归根结底是自己的失败——经营者本身的懒惰、贪婪、敷衍、作假等原因造成的，问题就容易找到了。

我老家有句谚语：傻子最多吃三次亏。消费者不选择你，不代表不需要这个项目。谁会走进一家没有生意、门可罗雀的餐厅，难道顾客都在饿着肚子吗？答案显而易见。

3

有一个亲戚在云南边陲小城开了家宾馆。这几年国民收入水平增加，旅游大热，尤其是这些边陲小城更是成了人们的向往之地。看着街上形形色色的游人，他信心满满，租了一栋楼房开宾馆，高规格装修，什么都用最好的，试图在这个地方一炮而红。

宾馆装修好后，经营半年多，顾客三三两两，入不敷出，亲戚又忙于其他业务，索性转让给了一位熟人老贾，算是亏了点本，还好不多。

老贾接手宾馆后，经营半年，净挣二十余万。

同样的宾馆，亲戚做亏本，换个人却风生水起，这难道还说是项目不好吗？

分析原因，亲戚经营这家宾馆，一则是从来没做过，根本不熟悉如何运作；二是他又忙于做其他生意，管理宾

馆基本上靠聘请员工，而他又不懂得如何管理员工，如何让员工更负责任地做好工作。所以，在他经营期间，酒店各种脏乱差，床单、被套甚至都不换，翻个面，拍一拍又继续用了。有的员工为了把节约下来的洗漱用品拿回家，索性顾客不要就不给。

现在的酒店都重视各种网上订房，他倒好，从来就不重视这些。而现在的游客大都是年轻人，哪一个不是兵马未动，粮草先行的？不搞好攻略，都不敢轻易出门，更何况是住酒店？如此，好好的一个宾馆就只接些临时找不到住地的散客。

看好的市场其实并不是他的市场，很大的生意也不是他的生意。能维持半年多，其实都是靠他的本钱在支撑，如果换其他手里没有钱的人，可能还撑不到半年。

老贾接手后，停业了两天，打扫卫生，培训员工，挂两串鞭炮就开业了。他开设网上预订，和本地的旅行社合作，亲自经营打理——马上，不是没有生意可做，而是房间太少了。半年多时间，人家把转让费赚回来不说，还赚了二十万，令亲戚难以置信。

嫌房费贵吗？亲戚经营期间自动降了三次，而老贾接手后房费还涨了。

老贾说:"其实,只要卫生环境好,旅游就是消费,出门旅行的人只要住得放心,住得舒服,根本不在乎多几十块钱,少几十块钱。我经营的核心理念只有一个,那就是把宾馆的每一间客房都当成自己的房间一样,住的都是自己的家人。"

这道理多简单、多实在,但又有几人能真正明白,又有几人能真正做到?

4

想想开连锁超市,如果说这个项目不好,但我们走上街头,哪一条街没有几家,甚至几十家小超市;如果说餐饮不好做,哪一个时代的人又离得开吃喝拉撒?

这些项目都是极好的,都是特别保险的,甚至属于零风险的项目。而做不下去的根本原因,并不是项目本身不靠谱,而是经营的人不靠谱。

记得我以前做新闻的时候,曾经采访过一位从事微型企业投资管理的老板。他说,做生意这么多年,见过的人也不少了,他感受最深的是,他从来不缺少项目,只缺少

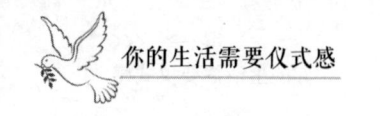

靠谱的人。他又说，如果一个人靠谱，他可以在街边租个铺面，让他加盟快餐店都能赚到钱。如果一个人不靠谱，你拿着大把的钱给他一个到南海开采石油的大项目，可能最终都血本无归。

我们梦寐以求的好项目，真正做起来可能捉襟见肘。而我们眼中那个糟糕无比的项目，可能有人做得正风生水起！

说一个老掉牙的笑话，几个年轻人一起到女孩家提亲：第一个说我有钱，我爸是某某公司董事长；第二个说我有权，我爸是某某局局长；第三个说我啥也没有，但我有个孩子在你女儿肚子里。结果，大家知道第三个人成功了——有钱有权都没用，人才是第一位。

正削尖脑袋想好项目的老乡别纠结了，如果生意总是做不好，想想自己哪里有问题。如果缺乏专业，就去好好补充知识；如果自己有不足，就设法改进；如果不适合当前做的，就换了吧。

不管是任何行业，说到底都没有好与坏之分。好好想想，如果能学，就尽力去学；如果学不会，就挑个会的，做到最好。这样看来，应该是离成功最近的路。

第二辑
你的坚持,终将美好

为了与这个世界上最优秀的人成为同类,邂逅那些在生命中举足轻重的贵人,你必须让自己活得昂贵——哪怕你低到尘埃里,依然要仰望着天空的星辰,梦想着远方的大海。

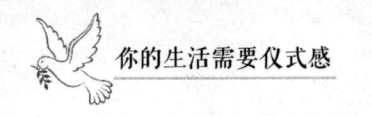

对别人用力太多是件坏事

1

一个人总是对你说"我没空"是什么意思?网上的回答很简单:人家不想理你呗。

有恋爱专家解释,如果一个男人总是对你说"我很忙""我没空",这表明他渐渐对你失去了兴趣,对彼此的这份感情丧失了热情,一句"我很忙"是他敷衍你的最佳借口。这就等同于在向你发出信号:我们该分手了。

我特别喜欢这个直截了当的解释,很赤裸、很深刻。

其实,不仅仅是男女之间,朋友之间也是这样,我没空的意思往往是懒得理你。

先说忙吧。放眼整个世界,没有谁是不忙的——做生意的人忙着赚钱,读书的人忙着考试,上班的人也在为这样那样的合同焦头烂额，哪怕游手好闲的人也自有其忙处。

就拿我来说，每当遇到节假日，猪肉店也一样休业放假，按理说这应该是我最空闲的时候了，但是说真的，我很忙——在这难得的空闲里，我要读书、写作、睡懒觉、带孩子享受轻松时光。退一万步，哪怕不强辞夺理，事实上我也确实够忙的。

朝九晚五照看几个店的生意，关心所有店员的生活与健康，注意货源情况，回家带孩子、换尿布，关心身患重病的父亲，偶尔还要想一下远在老家无人打理的那一亩三分地等，有时候，我恨不能化身为八臂哪吒，因为手里总有做不完的事。

说到这里，我自问一句：如果你真的那么忙，怎么还有时间看书、写小说？

这是一个根本不需要思考就能理直气壮回答的问题：我喜欢。

没有谁不忙的，再忙也去做只有两种可能：一是逼不得已；一是情不自禁。

2

记得好几年前和妻子异地恋,我们之间算是跨越万水千山。而那段时间,我刚刚参加工作,一年中有一半以上的时间在外出差,我租住的房子半年时间只用了不到十度电,甚至让抄表员误以为是电表坏了。

就是在这样忙碌的时间中,我们每年还是会有七八次约会,至少两个月见一次。

忙不忙?忙!那怎么还有时间千里迢迢去约会?反正都是忙,约会很重要!

从自己的亲身经历中,我得出一个结论:没有谁是不忙的,每个人都面临着很多事情,我们所要做的其实是一个选择题——就像你妈妈和你女朋友同时掉进水里,你救谁一样。所以说,你去跟女朋友约会,不是你不忙,而是你选择去做这件事而已。

当你选择去和女朋友约会,在相同的时间里,你放弃了回家看望母亲,你对母亲说的话自然就变成了:妈,我很忙,今天就不回来了。在女朋友那里,你是闲人;在母亲那里，你是忙人。所以，忙和闲都是相对的，这只是在相互冲突的时候，选择上的一种说法。

于是，忙和闲的借口便因此变得毫无意义，这只是选择，或者放弃的问题。

当一个男人对你说"我很忙"的时候，他并不是真的很忙，而是他觉得，在时间的安排上你不处于优先位置，你没那么重要，甚至他在刻意拉开这种距离，在刻意拒绝你罢了。

3

五一小长假，Y一个人千里迢迢地辗转两千多公里从另一个城市到了我生活的城市，只为参加一位好朋友的婚礼。

当时我们家大树小朋友满月，特别忙，在下午快到点的时候我打了辆车直奔婚礼现场，因为彼时家里也正有客人来访，打算照个面就走，但是我遇到了Y。

我很惊讶，真没想到能在这里遇到Y。我本以为他来贵阳可能还有其他事，但是他说没有，就是为了参加朋友

的婚礼。我说你跑这么一趟就吃顿饭，太奢侈了。

Y说他不这样认为，这是好朋友的婚礼，一辈子只有这么一次，他不能缺席。

我问Y最近忙不忙，Y说年轻人都在拼嘛，有几个是不忙的。他说最近要考几个证，因为既然要走上班这条路，不考几个证，不把职称评好，是对自己的不负责。

Y在等待吃饭的过程中还给家里人打了个电话，好像今天是某个家人的生日，他祝对方生日快乐。

看着Y，我觉得一个人的闲和忙是很奇怪的。参加朋友的婚礼，当然可以成为不陪家人过生日的理由——事实上，陪家人过生日的理由，也足以成为不来参加朋友婚礼的借口。

Y来了，这只是他在自己内心觉得这是好朋友的婚礼，一辈子只有这么一次，这是不能错过的，是很重要的——并非他有空，而是他觉得这就是他要忙的事罢了。

在我们的生活中，总有一些人让我们觉得他很有空，似乎你有什么事，只要说一声他们就来了；有一些人似乎总是很忙，不管大事小事，他们都有一堆不来的理由。而我们往往忽略了，这些很闲和很忙的人最大的区别，其实就是你在他们心中的地位。

记得我和鱼同学办婚礼的时候，有好几个朋友辗转几千公里而来，没有其他事，只是为了赶赴我们的婚宴。虽然我没说什么，但这份情谊我会记挂一辈子。

相反，有一些人，他们明明离得很近，却因为这样那样的理由没有来。虽然我没有资格去责怪谁，毕竟自己没有资格去要求一个人怎样做——在他们的心里，你不是最重要的那一个。

我常常说，并不是任何人都有资格成为我的朋友，我必须对他推心置腹，必须对他言听计从，必须无条件支持他。

相同的道理，我也知道我没有资格成为任何人的朋友，而对方必须在各种需要处理的事情中把我排在第一位，非得放下手中的一切赶来支持我。

但是，在闲与忙之间，我看到了我们之间的距离。不管是我没有资格成为别人的朋友，还是别人没有资格成为我的朋友，结果都是一样，我敬而远之，不想花时间在这上面——因为对我说没空的人，一般来说，在选择上可能把我排在了末位。

一个人再好，如果把你排在末位，你是没有必要在他身上浪费时间的。这就好比，如果一个姑娘一丁点也不喜

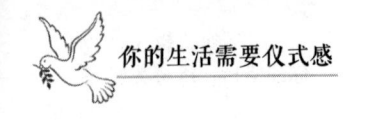

欢你，你却一头热地对对方好，这种一往情深固然有值得赞许之处，但结果往往是一个人的悲伤。最好的处理方式是，哪怕依然深爱，也应该悄悄藏起，敬而远之。

4

人生走到三十岁，形形色色的人见过不少，也知道在成年人的世界里没有真正的空闲，也没有绝对的忙碌——在相对的空闲与忙碌中，都是每个人内心是否愿意罢了。很多时候，你说忙就忙，你说不忙就不忙，因为不管选择哪一件事作为忙的理由，决定权都在自己。

对于那些在你有事的时候来参与的人，要永远记着。他们并不是不忙，而是他们在心里觉得你很重要，至少值得来一趟，至少在几个忙碌的理由中把你排在了最前面。

对于那些在你有事的时候总说自己忙的人，要敬而远之。他们或许真的忙，但最关键的是，在他们的内心深处，你的事情是不及其他事情重要，甚至是不值一提的。

既然对对方来说你没那么重要，那你自然也没必要把对方捧在手心了。所有不对等的一厢情愿，都是自取其辱。

我们应该尊重那些尊重我们的人，关心那些关心我们的人，把那些将我们看得很重要的人看得更重要。毕竟，哪怕是爱也需要回响。

所以，永远不要把时间浪费在那些总是对你说"没空"的人身上。如果是朋友之间，他们根本没把你当成真正的朋友；如果是亲人之间，他们可能从骨子里瞧不起你；如果是恋人之间，好吧，在对方的内心深处早就放弃了你们之间的这一段恋情，分手是迟早的事。

如果把时间花在这些人的身上，一是浪费自己的时间，二是打搅他人的宁静。

我们本不是一路人，就应该桥归桥，路归路，人各有志，大道朝天，各自珍重。

5

那么，是不是只要对你说过没空的人就一棒子打死，友谊的小船说翻就翻呢？

我有一个很好的异性朋友，当年她结婚的时候我刚经历了一场车祸，虽然不严重，但头上缠着纱布看上去特别

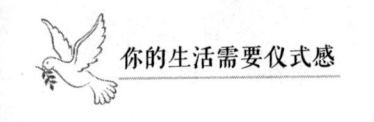

不雅观，想了又想还是决定不去了，也没有打电话说明，大喜之日不说伤心事。

很多年过去了，我一直觉得那是个遗憾，因为没能亲眼看到她穿着婚纱出嫁的样子。

虽然闲和忙往往是相对的，但有时候，生活中还有一些事情让人无可奈何。比如单位领导家的儿子结婚，其实你不想去，但为了给领导一个好印象，你不得不去，这也是人之常情。

但人可一而再，不可再而三。如果你每次都被逼无奈，那不叫无奈，叫无耻。

大千世界如此美好，对于无耻之徒，我们惹不起可躲得起——他们有他们的大世界，我们有我们的小圈子。

一个人，不要总想着去高攀那不属于你的高度，也不要想着去将就，高个子放低身段一直勾着腰也是很痛苦的。我们应该在对等的友谊中，去尊重与获得尊重。

和时间做朋友

1

今年我准备参加某执业资格考试,眼瞅着时间一天一天过去,该看的书没看,该做的题没做。当夜幕降临,晚风吹起,想起一天的复习计划还在原地踏步,厚厚的几大本书纹丝不动地摆在桌子上最扎眼的位置,无力感油然而生,不由感叹一声:时间真不够用。

一天二十四小时。分解一下吧,睡觉按一般情况来算要用八小时;一日三餐,加上准备工作和饭后消化,一餐一小时,一共三小时不过分;每天的工作时间,也按正常上班时间算八小时;人有三急,算一个小时好了;各种路上的时间,算两个小时好了;再偶尔和朋友、熟人聊一会儿天,又几个小时不在了。一天时间说没就没了。

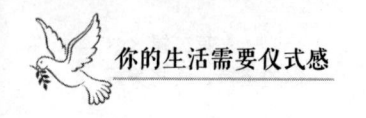

这么一算，确实光阴似箭。但我今天突然发现，以上所列均不是偷掉我时间的真凶——可能睡觉未必用八小时，上班也未必用到八小时，很多我自以为应该花那么多时间的事情，也许可以用更少的时间就完成了。

比如，我在这里可以问一句：上班族，你每天的工作时间真的是八小时吗？非也，可能真正有效的工作时间都未必能达到一半。

时间都去哪儿了？远有朱自清《匆匆》，近有《时间都去哪儿了》在追问。

2

扪心自省，时间都去哪儿了？一个答案极其恐怖：手机！该死的手机！

有一天，我坐在公交车上，看着浩浩荡荡一车厢的人都在做同一件事，不禁苦笑。男男女女，老老少少，站着的、坐着的、趴着的、蹲着的，似乎所有人都不在乎车内糟糕的环境，无一例外都在以自己的方式玩手机，其投入程度几乎能够达到超然忘我的境界。

走下公交车,大街上亦是如此。哪怕过马路,也是一边玩手机一边横穿而过,完全不在乎疾驰的汽车而带来的安全隐患。更夸张的是,我曾见过一位骑着摩托车的小伙子,竟然一手扶着车,一手玩着手机,其一心二用的水平,简直可以登上央视舞台表演《中国达人秀》。

我并非要批判与嘲讽这个完全迷失在手机里的世界,因为我也是其中一员。

如果我的一天好比一张内存卡的话,手机占据了太多的空间。我无法计算出,手机一天到底占据了我多少时间,因为它似乎从来就没有远离我。

手机成了我生活的一部分,甚至身体的一部分,简直就是除内裤之外的第二亲密物。

早上起床,我要花二十分钟先刷一刷屏,看看新闻,瞅瞅八卦,逛逛朋友圈。

晚上睡觉,我又要花个把小时刷刷网页,逛逛朋友圈,偶尔玩玩小游戏。

其他时间就不说了,我简直是见缝插针地拿出手机玩,有时候上厕所会上半个多小时,不是因为便秘、尿结石搞得工程巨大,而是我坐在马桶上刷手机把时间都忘了。

有时候家人叫了几次吃饭,我还是放不下手机,似乎

跟手机比起来，吃饭都逊色了。手机已经深深地浸入我的骨髓，植入我的灵魂，我走火入魔，已不是我了——江山美人，岁月理想，在手机面前都不值一提。

手机已经成为这个时代最夸张的符号。我相信，绝对不仅仅是我有这样的感觉，活在这个时代的大多年轻人都已经中了手机的毒，手机简直成了他们血肉的一部分，灵魂的一部分。

我们的时间，生命，爱情，事业和理想，似乎不知不觉就被手机这个病毒悄悄吞蚀了。

3

如果没有手机，这些零零碎碎的时间用在其他地方，我们的生活会是什么样的呢？

前几天看一个朋友写的一段感叹，简直句句戳中痛点，句句令人悔恨：用微信三年多了，统计下来，平均每天耗时三小时，总计三千余小时。

如果这些时间用在以下的事情上面，我们的人生会不会是另一个模样？

若用来读书,大学一门课程三十二学时,相当于一百门课程,可获得三个学位;若用来健身,我即使成不了动作明星施瓦辛格那样的块头,也会拥有甄子丹那样的身材;若用来学钢琴,可以达到八级,登上舞台演奏完全没有问题;若用来参加社交活动,可以多收获二十到三十位朋友,人脉圈膨胀一倍;若用来看电影或者纪录片,我基本可以做到上知天文下识地理,前知五百年后知五百年——然而,以上这些都没有发生。

用手机的效果如下:拜读了无数的人生警句,忽然不知道怎么活了;喝了无数大碗的心灵鸡汤,再看到就要吐了;了解了太多的养生之道,忽然不知道还有什么能吃的;学了太多的秘诀和技巧,忽然发现不知道怎么社交了;欣赏了太多的摄影美景,忽然对美好没感觉了;看了太多的励志故事,忽然发现梦想还是那么遥远;抢了很多微信红包,凑一起不够一个月的流量费。

用手机带来的效果就是这么的令人啼笑皆非,相映成趣,可恨又可笑——不仅可恨又可笑,还可怕。因为,这不是个例,而是我们这个时代大多数人的通病。

4

我知道时间都去哪儿了——我们的时间都被手机给耗完了,它无孔不入地侵占我们的生活,浪费着我们的生命。如果我们用玩手机的精神去做一件事,怎么可能会一事无成?

我敢保证,很多人每天玩手机的时间绝对超过五个小时,相当于有效上班时间。

算一算,如果把这些时间用在关注某一个专业上,就足以成为专家。比如,每天认真仔细地看二十页书,大概也就花一个小时。一天只需要一个小时,一个月可以看六百页,一年可以看七千多页,按每本三百页计算,相当于二十四本书。

如果每个人的手机使用五年的话,这个数据是一百二十本书!

再想想,大学四年,我们一共才认真地看了几本书?再读研究生三年,又看了几本书?我们不是没有时间,而是让时间无谓地流逝掉了而已。

回到我们的备考上来，时间真的不是不够用，只是我们一直在玩手机。

如果把玩手机的时间用来复习：上厕所的时候看十页，早上起床看五页，晚上睡前看十页，吃饭前后看五页，其余空闲时再看十页。一天四十页，十天四百页，一个月一千二百页。打个折，八百页，八百页相当于三本书了吧——而应考的有效参考书也就五六本。

这并不是什么不可能完成的任务，只要踏踏实实地把该看的看，该背的背，该写的写，该读的读，一切就可以水到渠成地完成。毕竟，五六本书而已，又不是愚公移山。

我很惭愧，我的努力程度甚至对不起自己交纳的几百块钱报名费，以及购买的那几本书。蓦然回首，四个月很快就过去了，对于即将到来的考试我居然没有半点把握！

书没看，题没做，课没听，我在干什么？好吧，我不自觉地又拿起了那该死的手机。

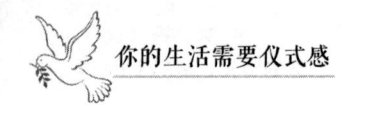

我不过没有仪式感的生活

1

小表妹一把鼻涕一把眼泪地控诉老公婚前婚后两个标准，老公现在嫌她这样，嫌她那样——那辛酸样儿就像《大话西游》中牛夫人对至尊宝的哀怨："以前叫人家小甜甜，现在叫人家牛夫人了。"

以前吧，她每天熬夜打游戏，老公端茶水侍候，端坐在一旁看她玩，这样都能整一个通宵；以前吧，她大半夜想吃冰激凌，老公二话不说骑着自行车奔赴几公里给她买；以前吧，她还窝在被子里想睡懒觉的时候，老公早就做好早餐摆在桌上并想方设法哄她起床……现在呢？现在，老公嫌她懒、嫌她笨、嫌她邋遢、嫌她泡方便面都泡不好、嫌她这样不行那样不行。

小表妹一边抹眼泪，一边说："其实我一直都没变，是他变了，他不爱我了。"

那绝望无助、可怜兮兮的模样，让人有种哀其不幸、怒其不争的感觉。她一再强调自己没有变：我还是以前的我，为什么他就嫌我这样嫌我那样，肯定是不爱我了。呜呜……

唉，他是不是不爱你倒在其次，关键是你引以为护身符的自己没有变，难道这就很光荣吗？看来，你是真搞不懂爱情和婚姻是两回事。你也是真搞不懂，当一个人说"我没有变"的时候，应该是指某一方面没有变！

在我看来，最好的不变，其实是变；一成不变，却是最大的变。尤其是当你结婚成家之后没有完成角色的转变，本身就是彻底的失败。

2

像小表妹这样抱怨的女人不在少数，她们总是说结婚之前怎样怎样，结婚之后怎样怎样，简直有一种从女王直接掉价到女佣的失落感。她们总觉得自己没有变，而是待遇变了——因为自己没有变，所以就没有错；待遇变了，

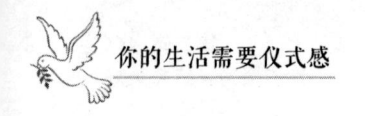

肯定就是老公的错。

这逻辑滴水不漏！

但这并不是生活的真相。因为在婚姻中，不管是哪一方错了，对婚姻都有百害而无一利。所以说，在这一场关于谁对谁错的较真与坚持中，最后不是谁赢了，而是双方都输了。

争不过就吵，吵不过就打，打不过就哭，哭不过就离——往往，导火线就是从无伤大雅发展到无法收拾的。现在那么高的离婚率，很大一部分不就是从这些鸡毛蒜皮的小事惹起来的吗？

在婚姻的世界里，争论谁对谁错都没有意义，不如共同好好维护家庭的圆满和温暖。在一个家庭中，女人决定家的温度，男人决定家的风度，而男人和女人共同决定着家的高度。

是的，男人在生活中应该更多谦让，但女人也应该好好经营起家的生活。因为，家不仅仅代表两个人的结合，更代表着一份责任、一份寄托、一份信仰。

恋爱可能只需要互相取悦就足够了，而组成家庭，却是两个人相互磨合、相互成长、相互接纳的过程，是从恋人转变为亲人的过程。而在这一过程中，性格上的棱角、习惯上的冲突,都有可能引起摩擦。

因为恋爱只需要互相取悦,所以往往我们都会展示自己最好的一面,摩擦也就没有那么多。而婚姻是二十四小时的相濡以沫,是三百六十五天的形影不离,是一辈子的厮守,这么漫长的时间,就算你想掩盖缺点、掩藏性格也是不可能的。

日久,终将见人心。这人心,就是一个人的有棱有角。我们不要高估自己的个性,这世界谁没个性?

所以,婚姻既是一个互相迁就和成全的过程,也是一个自我完善的过程。

我们只有在婚姻中变得越来越好,才能保护家的温度,提升家的高度。

3

以前,可能你邋遢、迟到、小气、蛮不讲理,他都觉得可爱;那时候,他抽烟喝酒、吆五喝六,你都觉得挺爷们儿。但这些终究都是消极的,它们的可爱只是在炽热的恋爱光环下才显得可爱。一旦恋爱的光环消失了,水落石

出,回归理性,那些消极的负能量终究会回到本来的面目。

而婚姻,毕竟是爱情的坟墓。一旦进入婚姻,最真实的两个人就会浮出水面——你依然固执己见,他还在我行我素,这场婚姻便注定布满了荆棘。

婚姻中,我们首先做好的其实不是自己,而是角色——是妻子,你应该像一个妻子;是丈夫,你应该像一个丈夫。

为了做好妻子或丈夫的角色,我们要做的并不是坚持自己的那些糟糕缺点,两手不沾阳春水,一心只想甜蜜蜜,而是要学会自我克制,自我成长——两个人组成一个家庭,原来是两个人各有各的世界,现在是两个人需要共同挤在一个世界里。

这个世界上,最困难的事情不是无拘无束、乘风万里,而是戴着镣铐跳舞,风云于方寸之间。

世界变小了,责任更大了。因为,你不仅要照顾好自己,还要照顾好对方。

我们不能再像以前一样,可以一觉睡到中午还不想起床,熬更守夜玩游戏,呼朋唤友夜不归宿,邋遢颓废不讲究,自以为是、蛮不讲理。我们不能以"我没有变,我还是原来的我"来开脱自己在婚姻家庭中的失败。因为,婚姻家庭不需要你不变,而是需要你变得更好。

我有一个好朋友，以前她是十分潇洒的一个人，甚至都没有进过厨房。但结婚后不久，她婆婆便得病去世了，她开始撑起一个家。

现在，她是真正的下得了厨房，上得了厅堂，装得了母老虎，也斗得过灰太狼。一家人被她照顾得井井有条，而她自己也过得挺幸福的。

还有一哥们儿，结婚之前与朋友夜夜笙歌，但结婚后他戒掉了去酒吧、去歌厅。我们问他为什么，他说："就算在酒吧、歌厅里我啥也没干，我媳妇也会合理怀疑的。"

4

我始终认为，成人达己是这个世界关于处世之道的永恒法则。比如老师成全了学生，而学生同样成就了老师；医生治好了病人，病人成就了医生；导演成全了演员，演员同样成就了导演。在婚姻中，这一法则更加突出：好的婚姻，就是两个人的互相成就。

在这里，我愿意分享曾经从一位长者那里得到的人生经验，它令我受益至今：

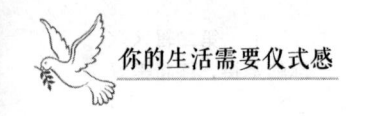

成长是终身的事，人生的任何阶段，我们都不应该放弃学习。努力找到一个良好的爱好，它能成为你命运的窗口，你因此会看到生命的浩瀚与斑斓；拥有一件可以专注并找到乐趣的事，你就不会总纠结于生活的鸡毛蒜皮，纠结于男女之间你爱不爱我的愚蠢话题。

一个人只有不断更新自己，才会拥有更多的本领和才能，才能够保持生命的鲜活与爱情的新鲜度。如果总是一成不变，只会让人心生厌倦——有爱好、有思想，魅力才会持续终生。

做最好的自己，努力做到让对方幸福和快乐。因为，当你让女人幸福快乐时，你一定是个幸福快乐的男人；同样，当你的丈夫幸福快乐的时候，你一定是个幸福快乐的女人。

世事跌宕，岁月变迁，愿你不再是你，我不再是我，我们都是更好的我们。

不幸的婚姻一定有原因，幸福的婚姻也一定需要理由。爱情靠激情，婚姻靠经营。婚姻不是要你不变，而是要你越来越好。

如果你越来越好，幸福会如春天一样顺其自然而来。

在社交场合，请收起你的手机

1

最近有一件特别逗的事。有一位姑娘因为好朋友来找她玩，于是向单位领导说自己家里有事，希望能请三天假。假请好了，和好朋友乐乐呵呵地出去玩，好吃的、好喝的、好玩的，开开心心地过了三天，当她回到单位的时候，领导说："你以后不用来上班了。"

她觉得莫名其妙，领导把手机拿给她看，她顿时什么都明白了，啥也不用解释了。姑娘请假说自己家里有事，而在她朋友的朋友圈里，却晒了她们一路的吃喝玩耍——真是无巧不成书，那朋友和领导是微信好友，人倒起霉来就是这么没谱。

这让我想起前段时间有人在朋友圈里晒图，说领导请

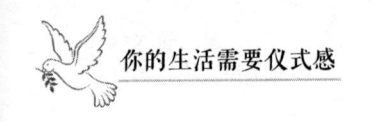

客，在公司食堂煮穿山甲的事件。结果，本来高高兴兴享受的一餐野味，却成了端掉一窝贪污腐败分子的导火线。

这样的例子在近年的新闻中隔三岔五就会发生。归根结底，除了当事人本身办事不太光明正大之外，还在于参与者对自己的手机管理不严，毫无防御意识。

虽然这些乱七八糟的事情一不小心暴露在光天化日之下，就会让违规者受到应有的惩罚，值得令人拍手称快。但是，我们不禁又想，生活在这个世界上，谁没有一点小瑕疵、小秘密、小隐私呢？如果某一天，我们在社交上的隐私不小心被人发了出去，尴尬和灾难是随时有可能发生的。

这样，社交就成了一颗定时炸弹，更可恶的是，你根本不知道它什么时候会炸！

我有一位朋友和同事去酒吧嗨，本来挺高兴的，但回家被老婆抽了一巴掌。

原来，他老婆有点小气，不许他去这些灯火酒绿的地方，他又想去，就编了个加班的谎言。不承想，一起去嗨的某人，在朋友圈里把一切都暴露了。

晒朋友圈，现在是很多人的生活方式之一。一桌菜做好，想的不是拿碗、拿筷子，而是先拿手机拍照晒晒朋友圈；甚至在公路上看到了车祸现场，第一时间想到的不是拿手机报警,而是拍照发朋友圈。只是,你想晒是你的自由,但你也许正侵犯了别人的隐私。

2

现在,机不离手是很多年轻人的通病,走路在玩,上厕所在玩,睡觉还在玩——一年三百六十五天,有一天不玩就觉得像少了什么似的。也许,你一天不让他吃饭没事,权当减肥呢,忍一忍就过去了。但是,你要让他不玩手机,我的天哪,搞不好要跟你拼命。

可不是么,有这样一个问题值得深思:如果一个人为了买一样物品而卖掉了自己的肾,你猜这会是什么东西?我查遍了网络,唯一的答案是:手机。

也许我们无权去干涉别人玩手机的自由,哪怕玩物丧志也是一个人的权利。但在社交场合,一个劲儿地玩手机,可能是一件伤人伤己的事,有百弊无一利。

先不去说这侵犯了他人的隐私,本身,在社交场合拿着手机玩就是一件十分没有教养的事。大伙儿好不容易聚在一起,你不好好与大家交流,却拿着手机在那里傻乎乎

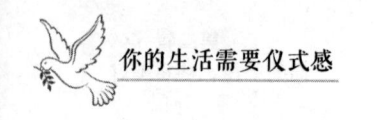

地发朋友圈，跟不知是男是女、是神是仙的人在那里瞎互动傻乐，就是对坐在你对面的人的不敬。轻者给人印象恶劣，重者令人疏远。

前段时间，我在饭局上听说了一件事。朋友单位有一位年轻人去上级单位办事，当他回到原单位，上级单位的电话就打来了，说以后这个小伙子就不要再去找他们了。

大家一头雾水，根本不知道是哪一个环节出了问题让领导如此生气。后来，从旁敲侧击中才知道真相，就是这个小伙子自始至终都在玩手机。

还记得有一次，我去见一位朋友，但他一晚上总是在玩手机，我觉得十分无聊，从此不再跟他约了——每个人都很忙，我真的没有必要特别抽出时间陪你在咖啡厅里玩手机。

有一个朋友三十好几了，最近有人给他介绍相亲。约了，结果令人啼笑皆非的是，两个人一见面没多久就开始玩手机，玩呀玩，最后都不知道人家姑娘是啥时候离开的。

你到底是来相亲的，还是来找个人陪你玩手机的？

相亲失败，他说："不适合，强扭的瓜不甜。"我鄙视他一句："强扭的瓜也是瓜，就你这样，别说苦瓜了，可能连瓜藤你一根也捞不到。"

这些做法都很不尊重人。也许你是出于无意，但当你沉浸在手机里，就已经怠慢了现实世界。

当你怠慢了这个世界，现实提醒你的方式，不是一盆冷水，就是一记耳光。

3

在社交场合玩手机，不仅领导不高兴，朋友不高兴，哪怕就连亲人也不高兴。

今年春节，我一条短信都没发，一个电话也没打，因为我知道大家都在高高兴兴地过年。你们正和家人在一起，聊聊生活，聊聊未来的计划——我的祝福，可能更多的是打扰。

我电话打过去，你得跟我说一会儿；我短信发过去，可能你迫不得已要花时间给我回过来。真的没有这个必要，这些工夫留着帮妈妈涮涮碗，帮奶奶捡捡菜，把家里的卫生好好搞搞，这可能比任何祝福、任何问候都重要，都实在。毕竟，我们都是候鸟族，相聚很难。

还记得春节年夜饭后，一家人坐在一起，彼此你挨着我我挨着你,但几乎没有多少交流,房间里静悄悄的,各自拿着手机抢红包,或者和远在千里的朋友发短信。只有两位八十多岁的老人不会玩手机,坐在沙发上看春晚。有一种团圆不叫身在异乡,而是心不在家里。

手机拉近了世界的距离,却疏远了同一个屋檐下的亲密。能量守恒定律无处不在。

唯一没玩手机的我,觉得哭笑不得——你们不远千里而回,就为了玩手机吗?一年三百六十五天,你们到底有多少时间真正会陪陪这些盼着团聚盼了一年的老人?

手机对我们的生活介入了太多太多。我喜欢科技,喜欢手机带给我们无比便利的通信,甚至资讯获取的便利,这是我们活在这个时代的福分。但是,当我们完完全全被手机绑架,生活里百分之九十的时间都献给了手机的时候,这种过犹不及是否成了一种伤害?

初六,离家返城。我看到两位老人欲言又止的表情,心里不禁有些惆怅。这不仅仅是因为离别,而是因为离别时坐在车里的人,手不停歇地拿着手机正在晒图:回城喽!

春节就这样过完了,因为老家没有 Wi-Fi,流量蹭蹭地花了上百块,这就代表了真相。

一个多星期的假期,有谁关心过父母的身体健康?有谁留意过老人的生活起居？我不能说没有，但肯定少之又少。而我们更多的关心，是所谓的朋友拜年抢红包！

手机带来的方便，正像一把双刃剑，狠狠地切开我们与这个现实世界血淋淋的隔膜与遗憾。"掌握"世界，也许世界真的近了，但心远了，远到不知道到了什么地方。

在回城的路上，我特别希望，以后每一年，每一个回家的夜晚，每一个人——我们一起放下手机，不想诗和远方，一家人在一起，说家长里短，谈儿女情长，像很多年前点着蜡烛或点着油灯的小时候，熬夜，守一个纯粹的年。

4

我的朋友徐女士是一名职业编剧。前段时间，她突然把最新型号的智能手机换成了一百多块钱的老人机。我问她原因，无他，她只想把手机恢复到一部手机该有的身份。

原来，徐女士觉得手机深深地伤害了她的生活和工作。她已经很久没有完整地捧读一本书了，她已经很久没有陪妈妈好好做一餐饭了，她已经很久没有陪家人去看一场电影了，她已经很久没有好好写东西了。

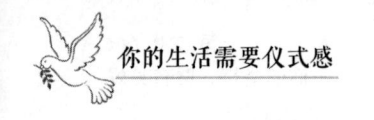

徐女士说，她现在能成为一名优秀的编剧，靠的是曾经利用点滴时间来学习和思考。

但现在，她的点滴时间全部献给了手机。以前的旅途她能看一两本书，现在的旅途她需要好几个充电宝；以前睡觉前她能看好几十页书，现在她得等到手机自动关机。

事实上，这都不是根本原因，根本原因是，手机严重伤害了她的社交和工作。

有一次，徐女士和圈内一些人相聚，一高兴就发了朋友圈。其中的某个人十分不高兴，对方是圈里有头有脸的人物，而她所发的朋友圈里各式人物都有，给对方带来了十分不良的影响，对她表达了不满。

我还有一位朋友，在某异性朋友的生日宴会上，大家喝高了就玩喝交杯酒。玩玩就算了，有人不嫌事大发了朋友圈，这下就算跳进黄河也洗不清了。

还有一次，有几个朋友来贵阳玩，我请他们吃饭。刚吃完饭，就有朋友给我发信息，说好久不见，你那模样够猥琐的。

我正纳闷呢，就看到有人把我们喝酒的照片发到了朋友圈里。照片上，鄙人喝得满脸通红，形象十分不雅，当时真有种吃了苍蝇的感觉。

在社交场合，请你收起手机。一方面，哪怕你不发朋友圈，放下手机也表明了你的专注，传达了你的尊重。不然，我在和你热心交流，你爱搭不理自顾自地玩手机是什么意思？

另一方面，现在的人都喜欢在朋友圈里晒图，我今天怎么样，我又认识谁了。往往，越认识有名气的人越爱显摆，但是，我们每个人都是天使和魔鬼的结合体，场面上和私下里往往具有两面性。

尤其是某些活泼的场合，一高兴了，大家都变得放松起来，有人不想让公众知道的一面，却被你的一不小心就一丝不挂地曝光了。

在社交场合，你做的每一件事，可能都不单单是你一个人的事。你一不小心就会怠慢他人，甚至侵犯他人的隐私或出卖你自己。轻则令人讨厌，重则身败名裂，祸害无穷。

这些就是我此刻的心声，在私人的世界，爱怎么玩都是你自己的事。但是，在社交场合请把手机收起来，因为那真的很令人讨厌。

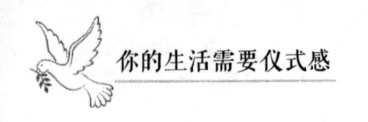

人生其实很短,别说后会有期

1

前段时间,老班长出差到贵阳,我跟他打了一夜麻将,打麻将之余说到同学聚会的事。他说虽然他是班长,但与其他同学联系不多,我联系应该多些,看看什么时候召集一下,毕竟大家毕业都有八年了,再晃两年就十年了,怎么说也得来个十年聚会啊!

老班长说得没错,在大家眼中,我算是与其他同学联系"比较多"的那个人。只是说来惭愧,我暗地里扳指一算,所谓比较多,也差不多等于屈指可数。

想想四年同窗,朝夕相处,谁跟谁都跟亲兄弟亲姐妹似的。一毕业,说走就走,说分就分,于是天南地北各自相忘于江湖。在写这篇文章的时候,我稍一回忆起来,还能想起他们的模样。

拿大飞来说，以前同一个寝室的，都不知道在一起玩烂了多少副扑克牌，我和他现在相距也就两三百公里，但毕业后我们基本上就没有再见过面。前段时间看到他的微信头像变成了一个大胖子，完全不见他曾经在球场上健步如飞、潇洒自如的半点影子了。

老李呢，上大学时和我是上下铺，现在知道他，还是通过他老婆的微信才了解了一些。至于胖子，我曾经还跟他打过架，两年前仅止于在QQ上联系过。

同一个寝室"睡在我上铺的兄弟"都这样疏远了，更不要提其他人，张三李四王二麻子，在记忆中的排位差不多都变成了路人甲。同窗友谊，但若无特殊原因，几乎没有联络。

大学毕业以后，我见过的同学也有那么几个。比如小邻，一个湖南姑娘。我和她见面挺特别的，那是2011年贵州冰灾，公路被封了，因为与新华社某记者合作，我需要去拍一些冰灾现场电力抢险的新闻图片，于是搭乘火车去，搭乘火车回来。

拍完照片，在回来的火车上我接到她的电话，说她路过贵阳，要转车去另外的地方。

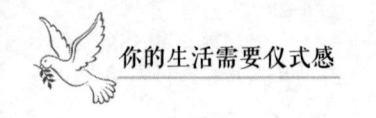

我问:"你转车的话,大概要在贵阳停留多长时间?"

她说:"差不多四五个小时吧。"

我又问:"你多久到贵阳?"

她说:"还有差不多一两个小时的样子。"

我心想,那还好,至少见上一面是没有问题的。

后来就聊到她在哪列车上,从哪里来。不问不知道,一问吓一跳,我们居然在同一列车上!

就这样,我们见了一面。五个小时以后,她要乘坐的列车来了,她要回湖南老家过年。这一走,至今没有见过面。那时我们见面,她还是单身,现在已为人母。我不知道下一次见面会是什么时候,搞不好彼时彼刻,我们不仅为人父母,还为人祖父母了。

前几年因为工作的原因,我天南地北地跑过很多城市,不知道有没有其他同学和我同搭一趟航班,同乘一列火车,但是因为没有联系,错过了见面的机会。当然,在这样的小概率事件中只能用缘分两个字来解释,毕竟,这样的缘分属于千万分之一。

当然,大学毕业至今,我见过的同学不止小邻一位,除了同在一个城市的几位之外,也有一些同学远道而来在贵阳得以小聚,只是宴终人散,岁月无声。

2

说真的，人生走过三十年，我不知道自己认识的人到底有多少，但是，在记忆里留下痕迹的，知道有这么个人，还能隐约记得起名字，或者想得起模样的，应该数以千计。如果再加上那些曾经认识的现在想不起来的，数以万计都应该不算过分。只是这些人，在我的生命里一闪而过，就像流星对于天空的缘分一样，只是一瞬间的时光。

后会有期只是美好的愿望，在现实的情况下，此别已是缘了，后会多半无期。

好朋友小柯，他曾经暗恋过一个初中的同班同学，此后数年念念不忘，最大的愿望是想看看她现在是什么样子。只是，小柯虽然去了曾经的学校，还去了她的家乡，但她已经搬走，没有了消息。哪怕再刻意，也追不回那一段想要挽留的缘分。

小柯特别沮丧，说："其实，我也没想怎的，就想再看看她罢了。"

我安慰他说："见面也是需要缘分的，或者，她现在

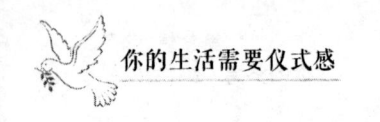

应该过得很好,不想被打扰吧。"

不管怎么说,当初轻描淡写的分别,现在虽非生死,却也可能永不相见了。其实,我也是如此,有很多不舍得的人,一样一朝离别,后会无期。

小学后几年,我是在一个叫苦竹寨的山村里度过的。在这里,我有两位很好的朋友,一位是我的小学老师汪忠和先生,一位是叫文竹的女孩子。

汪老师可以说是我的恩师,在转学之前我是一个"混世大魔王",经常在教室里捣乱打架,对抗老师。来到这所乡村小学后,汪老师待我如同父子,在他的鼓励下我完成了蜕变,并从此一直以优秀学生的形象直到大学毕业。

记忆里,汪老师一直在鼓励我。比如我做错了一道题,他不会批评,而是说:"你肯定会的,就是有点大意,如果你能每次做完后仔细检查一下,肯定不会错,你是我见过最善于学习的学生。"

从此以后,我几乎年年都拿全校第一名,并且他带给我的自信心让我受益至今。

我一直想,等有一天我有出息了,我会去看汪老师,会让他为我感到骄傲。虽然我读了很多年的书,经历了很多老师,但在内心深处,他才叫恩师。

很遗憾，在我升入初中的第二年汪老师就患病去世了。这么多年，对他的感激，我偶尔只能通过文字聊以自慰。

至于文竹，她比我们都大些，是个有些微胖的女孩。我是班长，她是学习委员，我们常常在一起讨论学习的事情。其他同学经常打趣我们，说我们像两口子。

我们之间虽然没有什么特别的故事，但我一直觉得她特别好，笑起来很温暖。很多年过去了，所有的小学同学中我只记住了她一个人的名字。但我们很多年没见面了，恐怕现在她站在对面我也认不出来。

毕竟，二十年能改变的东西很多。这其中包括一个人的容貌，甚至一座城市的容貌，或整个世界的容貌。

上初中后也结交了几个好朋友，他们甚至和我一起打过架、抽过烟、喝过酒。有一些人我现在还能偶尔想起他们的名字，回忆起他们的样子，但也仅此而已。哪怕是我暗恋的女主角燕子，我们一起走过了初中三年，但初中毕业后也只见过一次面。

那一次见面，是在我从高中学校走出来时，恰巧她也在学校门口。

我问："你怎么在这里呢？"

她说："我在等我堂姐。"

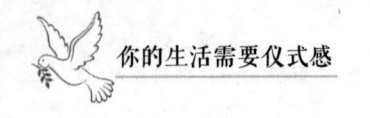

我问:"她出来了吗?"

她说:"嗯,应该快了吧,你都放学了,她应该也快了。"

后来,有人喊我去打球,我就去了,她留在那里等她堂姐,这是我们最后一次见面。

有时候,我会自作多情地想,她到底是在等她堂姐呢,还是在等我呢?不管怎么说,这次见面之后我再也没有见过她。后来,我曾经想过,如果再见到她会是什么样子?我也曾经通过她的同乡朋友问过她的情况,朋友告诉我,她好像去上海读书了。

不知道未来是否有缘再见,但未来总是谜,谁又能预料会发生什么。

然后是高中,高中现在联系的同学还有几个,但大多数都天南地北的很难往来。即便是关系比较好的那几个,也仅止于在网上瞎扯几句,现实中几无交集。

很多人大概都像我一样,人生的大部分时间都在学校度过。从幼儿园开始,一直到大学毕业,校园生活十几载,同窗者应该也有几百个吧。但是,当走出学校三五年后,闭上眼睛一个一个地数,能记得起来几个人的名字?寥寥无几,更不要说见面了。

当然，我并不是说记住所有的人就一定是好事，相反，我觉得各自天涯才是最美好的结局，至少这样的人生会轻松很多，没有必要把所有的包袱都背负。只是对于缘分来说，来了就来了，去了就去了，想起来未免感慨。

3

人们常将"生离死别"并举，事实上，有很多的离别与死亡并没有什么两样。

都是有这么一个人，曾经在你的生活中出现，但可能以后一辈子后会无期了。只是生离或有再见时，死别已经破灭了所有的希望，所以前者多伤感，后者必伤悲。

说到死别，记得有一位老先生曾对我说："不因年老气馁，不为年少猖狂，因为你不知道谁活得比谁更长。"

我特别喜欢他的这种态度，也特别被他这一番话震撼。那些你以为他们并不会离你而去的人，可能一不小心就离你而去了；那些你时时小心着，以为他们随时会离你而去的人，可能很多年了依然还在。

虽然生老病死是自然规律，但这个世界有太多偶然的

事情发生。在我的记忆里,有四个年轻的生命飞逝而去最令人印象深刻,想到就会心痛。

第一个人叫老马,我们是一个村子的。我记得老马写一手好字,当时我们村的一位老人说,老马这一辈子就算什么也不会,凭这一手字就不愁没饭吃。那时候我们都很崇拜老马,每年春节,整个村子的对联都是他写的,给人的感觉是他特别有文化。只是谁也没有想到,十八岁那年老马就去了——他骑着自行车在下坡路上被大卡车撞飞,在医院里抢救了两天,但没有抢救过来。

我姐跟我讲的时候,我根本不相信。

第二个人叫石军,我高中时的同班同学。我们是尖子班,他是尖子班里的尖子,当年我们县的理科高考状元。大学毕业那一年,他去山西某地考察煤矿,下到矿井底下就发生了垮塌事故,没有再上来。这个消息是另一位同学告诉我的,让人想哭。

第三个人叫娟子,一个漂亮的女生,大学时我们是一个系的。大学毕业那一年,我们都在忙,参加各种考试和找工作。有一天,消息传来说她出事了——她在去参加考试的路上出了车祸,当场死亡。当辅导员告诉大家这一消息时,一片寂静。

第四个人，是我的妻弟，今年重阳节出的事。他在做工程的时候从高空坠落，抢救一天之后去世。他走的时候，我就在旁边，亲眼看着医生最后也无能为力。而在意外发生之前，他还说过未来两年想来贵阳发展，贵阳气候好，适合居住。

其实，生命挺脆弱、挺偶然的，你根本不知道这一切什么时候会结束。

所以，一生饱受病痛折磨的史铁生说："一个人出生了，这就不再是一个可以辩论的问题，而只是上帝交给他的一个事实。上帝在交给我们这件事实的时候，已经顺便保证了它的结果，所以，死是一件不必急于求成的事，死是一个必然会降临的节日。"

不管是生离还是死别，终究都是一种离开的方式，一种普遍的现象。这是人力所不能阻止的。

4

回想起那些短促的生命，那些短暂的相聚，都会像锯齿一样慢慢地撕裂我内心的脆弱。没有谁等得起，不管是

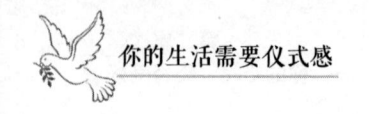

奋斗，是行善，甚至是表达爱，都一样。虽然我知道就算马上行动也未必能尽善尽美，但结束在追求的路上，也是对充实生命最好的交代了。

我想说，一辈子真的很短，请别说来日方长；世界其实很大，后会多半无期。

活好现在，时不我待，珍惜每一秒能与那些有缘在一起的人的美好时光吧。因为，有一天你们分别了，说起来轻描淡写的分别可能也叫永远——因为缘分很奇怪，生命很玄妙。

我们都只是苍穹里的一粒尘埃，只能做好自己，珍惜当下。

你的坚持，终将美好

1

单身狗最怕逢年过节千里迢迢回到故乡，父老乡亲劈头盖脸就是一句："有对象没有？"如果有，赶紧的，恨不能立马拜天地，入洞房。如果没有，各种相亲安排就像电视连续剧一样接二连三。

我有一位女性朋友，三十出头依然单身。今年回家，母亲给她安排的相亲对象包括农民工、离异和丧偶人士，而她好歹也是大学文凭，都市小白领啊！

在乡下，三十岁还没嫁出去的女人，家人着急得就像好白菜要烂地里似的。

以前，我们总开玩笑说，找对象的要求就两个：一是女的，二是活的。朋友母亲分毫不差地践行了这一标准。

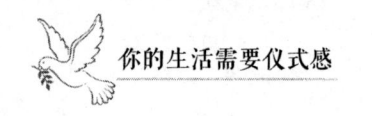

可怜天下父母心，虽然看似可笑，但为人父母，有谁不希望自己的儿女有个好归宿的，大概是被逼得太急了，真担心闺女一辈子都嫁不出去才出此下策。

不光是年纪大了父母才着急，我有一表妹，大学毕业一年多，多好的年纪啊，父母也是着急。表妹还想多玩几年，父母可不这么认为："年轻是一个姑娘最大的资本，现在嫁还能挑肥拣瘦，等过几年，年纪大了就只能被人挑了。"这父母想得可真周到。

过了一个春节，在我身边认识的人当中，被催结婚的就有五六个。

年纪越大就越着急，过了三十岁的女人，婚配标准就跟坐火箭一样直线下降，什么身高、体重、长相、人品、学识、家庭、年龄都不管了，似乎只要有人愿意娶就是天大的福分。这逼得不少大龄姑娘为了过父母这一关，租个男友回家过年的戏码不断上演，令人啼笑皆非，说起来也是一把辛酸泪。

我不禁要问：为嫁人而嫁人，真的会幸福吗？嫁出去，就能白头偕老吗？结婚真的不能说明什么，也代表不了什么，因为结婚了还可能离婚呢！

据说，为结婚而结婚的，离婚的可能性更高。毕竟双方几乎没有感情基础，一言不合便只能一拍两散。

镇上有一位女子杨杨，在二十七八岁的时候被家人逼着嫁给了一位大她七八岁的男人。婚后三年相继育有一子一女，按理说，儿女双全是挺幸福的，但她丈夫有两大恶习，一是好赌，二是好酒。更糟糕的是，赌输了气往她身上撒；喝醉了发酒疯，还是往她身上发。

离春节还有半个多月，杨杨抛下一切离家出走，至今杳无音信。

婚姻这东西，如果总是给对方带来伤害，还不如没有。所以，如果你一点也不喜欢面前站着的男人，哪怕顶着天大的压力也千万别将就。并不是所有的问题一结婚就解决了，如果所托非人，不结婚的压力只是让你委屈，而结婚了，却可能让你毁灭！

2

其实，这个世界只有娶不到老婆的光棍，却没有一位姑娘会孤独终老，除非是自己选择了这样。这本身就是一个常识性问题，你根本找不出一位永远也嫁不出去的姑娘。

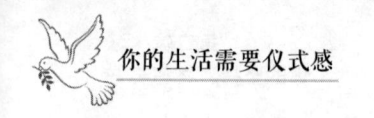

所以，姑娘们的着急，在我看来就像兜里揣着很多钱，却担心花不出去一样，这心操得太可笑。

当然，有人会说：姑娘最后都是要嫁出去的，但年纪大了只能被选择。

近两年，我心目中的很多女神都出嫁了，像林心如、汤唯、舒淇。我不知道她们是被动选择的，还是主动争取的，但有一个前提是，不管是主动选择还是被动争取，都应该是建立在对等的基础之上——林妹妹是不会选择焦大的。

一如俗话说，好马配好鞍，好船配好帆。没有特殊情况，万物都会自然归类，哪怕被选择，也只有你足够好才会被足够好的选择。

我有一位朋友小A，在普通单位上班，三十五岁了还没有男朋友。家里也是着急啊，一个劲儿地给她介绍，但她不为所动，说如果没有喜欢的，她宁可一个人过。

小A长得漂亮，多才多艺，唱歌、跳舞、瑜伽、旅游，日子过得丰富多彩，健康充实。虽然三十五岁的年纪了，但看起来比二十多岁的姑娘更有味道。

三十六岁时，小A结婚了，丈夫是某上市公司的高管，长得还特别儒雅帅气。更重要的是，两人在学识和爱好方面相当，有良好的共同语言。他们的日子是幸福的。

我的一位堂哥，四十多岁了才结婚，娶的姑娘三十六岁。堂哥属于成功人士，按理说找个二十几岁的小姑娘并不难，很多人都不理解他为什么娶一个年纪这么大的女人。

堂哥说："我是结婚，又不是找情人。这个年纪的女人，该懂的都懂。再说了，二十几岁的女孩年轻漂亮不算稀奇，三十六岁的姑娘依然年轻漂亮，那才是本事——说明她注重生活的品质，拥有良好的习惯，和她过日子不会太差。"

与其被恨嫁折磨得心力交瘁，不如甩开一切做最好的自己。一如老话说的：你若盛开，春风自来；你若精彩，老天自有安排。幸福不是蒙来的，也不是追来的，幸福归根到底是吸引来的。

只有你足够好，才能吸引来幸福。你是什么样的人，才会碰上什么样的人，最终会过上什么样的日子。

3

记得以前我在某学校教书的时候，有一位女生说："老师，我妈说的，读书没什么用，还不如嫁个有钱人过好日

子。"我笑了笑,问了她一个问题:"有钱人为什么娶你?"

在很多人的印象中,有钱的男人似乎都是傻子,只要年轻漂亮就能俘获他们的心。

在我的印象中,有钱的男人比很多人都聪明,不然,他们也不会成为有钱人。哪怕是富二代,他们受过的教育、见过的世面也比一般人优良和宽广,不是你卖弄几下风情就能收买的。

老话说,屋前栽了梧桐树,还怕飞不来金凤凰?同样的道理,你想飞到梧桐树上,就得先让自己变成一只金凤凰。如果你不是,最终可能沦为被富二代玩弄的可怜的小麻雀。

我以前单位的童女士,三十来岁,一心想嫁个金龟婿,为此还整过几次容。她确实也结交了几个有钱人,但她获得的仅仅是为他们堕了三次胎而已。最近的一次,对方确实想娶她,但富二代的爹妈岂非等闲之辈,哪能允许自己的孩子娶个门不当、户不对的人?

结果可想而知,她一个人含泪也要吞下苦果。

虽然我很同情童女士的遭遇,但她根本没弄明白,美丽的躯壳不可能成为她所谓打进上流社会的武器。幸福虽然是需要争取的,但同样的道理,你必须首先取得幸福的敲门砖——就像我们努力去考公务员，考不考得上是一回事，但有没有资格参加考试又是另外一回事。如果你不在精神层面与某一阶层对等，哪怕进去了也只是外人。

如果不合适，勉强结婚不会幸福的；如果你不够好，勉强订的目标也不会长久。为什么有很多中彩票大奖者、拆迁暴发户到头来贫困潦倒，以至于家破人亡——因为自己不够好，不具备匹配巨额财富的相关学识和能力，有巨大财富在手却不知道如何打理。

恨嫁的姑娘，一心想嫁个好人家的姑娘，既然幸福依然遥远，不如先做好自己——注重保养，加强运动，让自己的青春更加延长，让外在的自己更迷人；加强学习，多读书，让自己的智慧更加温润，让内在的自己更加富有；多与家人、朋友沟通交流，只有善于沟通的你，未来才能撑起一个美好的家。

不管现在怎么样，未来总是十分奇妙。你要相信，当你做好了自己，当你变成自己想成为的那种人，属于你的幸福一定会到来。不需要将就，也不需要着急，更不需要为了结婚而结婚。

最好的你会有最好的归宿，属于你的幸福一定会踏着七彩祥云、身披金甲圣衣而来。

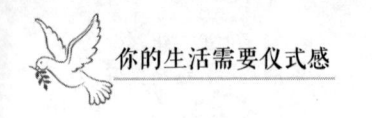

世界必将狠狠地惩罚不善待身体的人

1

记得我还是新闻记者的时候,曾经采访过一位八十岁高龄的老先生。闲谈中,老先生给我讲了他的很多计划,老骥伏枥,壮志依然。

我说:"老先生八十高龄了还有这样的雄心,相比起来,我觉得很惭愧。"

老先生说:"你不用惭愧,你只是还没有弄明白年龄和生命是怎么回事。"

老先生说,他根本不去考虑自己多少岁了,他只考虑自己的兴趣、精力和健康。年纪小不能说明什么,年纪大其实也不能说明什么。一个人是否去做一件事,千万不能考虑自己的年龄,而应该考虑自己喜不喜欢做这件事。如果你喜欢，想做，那就不要犹豫。

　　一个二十岁的人和一个八十岁的人有什么差别？也许在大家看来，八十岁离死不远了，做不做事都没什么差别。这就错了，二十岁的人就一定比八十岁的人活得久吗？

　　生命有很多的偶然性，有的人活了一百多岁，那么，从八十岁开始他还能再干二十年；而有的人从二十岁干起，可能二十一岁他的生命就终结了，也就干了一年。谁又能说得准呢？

　　我们不应该考虑自己是否年轻，而应该考虑是否健康。哪怕你只有二十岁，风华正茂，但如果你身患重病，每天都泡在医院里备受煎熬，年轻又有什么意义？

　　这是一个八十岁的老人家在闲聊中带给我的震撼：与年龄相比，健康价更高。

　　从那时起，我不再简单地羡慕年轻的美好，也不轻易去否定老年人的倔强。就像老先生说的，我更关注生命的健康状态，对待事业的热情程度，以及是否具有良好的生活习惯。

　　我觉得，这样的老人活得特别明白，年龄不会阻止你，只有健康才会给予你伤害。

2

记得有段时间，某个 NBA 篮球运动员打出了高水平的比赛，有人问科比，这个人在 NBA 的地位会不会是历史前十。科比轻描淡写地说："也许吧。但他得保持健康，再打十年。"

相比一般的职业来说，职业体育运动员对于健康的敏感，也许更加刻骨铭心。

如果没有那该死的伤病，三十出头的姚明应该还是赛场上呼风唤雨的超级中锋！

如果没有那该死的伤病，努力的科比可能会成为历史得分王，可能会多获一到两个总冠军，从而追平乔丹，还可能打破更多的历史纪录。

如果没有伤病，这是一个多么美妙的假设、多么深切的愿望，又是多么残酷的现实。

美国媒体写过一篇文章《那些被伤病毁了的 NBA 天才球员》，所列的如雷贯耳的名字就有近百人，其中不乏在中国知名度都比较高的麦迪、罗伊、奥登、艾弗森、斯塔德迈尔等，伤病是阻碍他们更进一步的敌人。

相比较其他的一切因素，健康也许才是一个人最大的保障，最无可比拟的资本。

体育运动员对身体健康固然有很高的要求，毕竟身体的丝毫差池都能直接影响到比赛状态，甚至职业生涯。但是，对于我们普通人而言，难道健康就不是我们追求卓越的拦路虎吗？

很遗憾，这个道理很多人都懂，却很少有人重视，尤其是年轻人。

记得几年前我到大西北采访，同行的一位小伙子在酒桌上敬这领导，敬那领导，喝了最少两斤五十三度的白酒。晚上又和几个在西北当兵的老同学继续喝，第二天像生瘟病的鸡一样无精打采，一天就只喝了半碗粥，最后只能去医务室打点滴。

这样糟糕的生活习惯，一天两天你根本看不出弊端，但天长日久必然积劳成疾。

3

很多年轻人除了酗酒、吸烟,还有很多足以影响健康的生活习惯——因为忙、因为工作等原因,饱是一顿,饿也是一顿,暴饮暴食无规律无节制;吃的喝的特别随意,路边小摊是一顿,宿舍里泡方便面也是一顿;早上十一点了才吃早餐,半夜了才吃晚饭;一年里没有抽出几个小时去运动,打麻将、玩游戏、唱歌、网聊可以熬夜到凌晨。这根本就是在透支健康,慢性自杀!

有的年轻女人舍得花钱去美容,买昂贵的化妆品,可以花三五个小时在美发店里做发型,然后到路边摊吃一碗炒饭,却不愿意给自己和家人做几个简单的小菜。

我觉得这是一种特别愚蠢的做法,因为病房里永远不会有美女,也没有成功人士!

每个人都知道健康的宝贵,却在自己还健康的时候无视它的风险。俗话说,祸从口出,病从口入。慢慢积累,到了一定程度,最后一根稻草都能压死骆驼,后悔也来不及了。一如,躺在病榻上的作家萧红只能无奈地说:"半部红楼，留给后人书。"

对于一位躺在病床上度日如年的大富翁来说，他或许最羡慕的是那位在山间赶着牛羊哼着小调的老汉。生命所有的财富，都只有建立在健康之上才有意义，挣一大笔钱又怎样，争得一个高官厚禄又如何，甚至朋友满天下也不过是浮云罢了。

拿喝酒来说，当你倒在酒杯中有心无力的时候，处心积虑苦苦追求的东西，可能正被他人快乐地享用着。拥有了很多，却丧失了享受的能力，人生之大悲，莫过如此。

事实上，酒从来都解决不了问题。真正能办得了事的从来都是人，不是酒。

4

我有一个在乡镇任职的朋友，四十来岁，为了晋升，他进行了艰苦卓绝的"努力"。

他的生活习惯特别糟糕，因为应酬多，酒就喝得多，经常一天两三包烟。有时候应酬了一天，回到家还要熬夜赶各种汇报材料，没想到人当壮年就查出了胃癌，什么晋

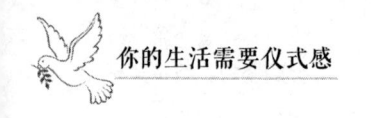

升,什么职位,瞬间都没有了。手术化疗总算保住了命,但生活质量从此不敢奢望了。

还有我以前公司的领导,东北人,为人豪爽,唯一的不足之处就是生活习惯太糟糕,为了应酬,喝酒像喝水,抽烟不间断,打麻将一打就是通宵。有次体检时一查,得了白血病,过了半年离开了人世。

那些不爱惜身体的人,可能在人生最关键的时候就像天降横祸一样,狠狠地打在他的身上,让所有的美好愿望、所有的雄心壮志、所有的幸福,瞬间都变得不重要了。

千万不要让身体惩罚你,当身体惩罚你的时候,也是你再也无法翻身的时候。

很多人都读过《韩非子·喻老》中关于扁鹊见蔡桓公的故事。小时候,老师一直把这篇文章当成是不听人劝的例子来讲解。但现在,我更多地把它看成是关于健康养生的警示文章,病在肌肤不可轻视,病在肠胃必须及时治疗。健康是平时就养成的好习惯,就像车一样,要时时检查,注意保养,不要等到抛锚在半道上叫天天不应、叫地地不灵的时候才后悔。

有的人可能并不怕死,但一定会害怕在死之前,承受身体惩罚之时的惨状。那是你不善待身体所造成的罪,也是它给予我们在离开这个世界之前的最后惩罚。

没有人会长生不老，也没有人会永远健康，生老病死是自然规律，但是注意保养身体，尽可能让它不成为你追求幸福的羁绊，那是每一个追求高质量生活的人应有的态度。

精进：如何成为一个很厉害的人

1

拼命加班干吗呢？反正又不会给你加工资。那么认真干吗呢？你做得再好，还不是跟我们拿一样多的工资。这是几年前我还在单位上班的时候，经常听到身边同事发出的感慨。

他们朝九晚五，各司其职，除了自己的本职工作义不容辞之外，其他事情从来都不愿意多干一丁点，各种推卸

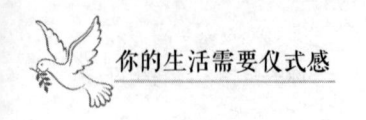

敷衍无处不在。反正努力和不努力都一样，工作又不是自家的，干完干不完也没什么。这种不良风气，像病毒一样侵入每个人的灵魂。

那时候，我主要做企业的宣传工作，经常给单位的先进员工做材料、写报道。

我认识一个兄弟单位的同行，他挺有才华，写材料得心应手，拍照片堪比专业。但是，每次跟他聊起工作的时候，他一直在抱怨，能应付就应付，写那么好干什么，评模范、评先进、拿奖金都是别人的事，走走形式而已，跟我们半点关系也没有。

他说的也许没错，但对我而言，评先进、拿奖金是别人的事，但做材料是自己的事。

在工作的三年时间里，我兢兢业业，哪怕是额外工作也希望做到最好。

2

曾经有位在媒体工作的朋友说我："你的这个宣传工作只要完成任务就行了，你再怎么努力，写出的稿子也不会有什么影响力。"当时，我想也是，作为一位企业新闻宣传工作者，我真的没有必要去想自己就是正义与道义的化身，不必去想自己的一篇文章能够打动一群人，帮助一批人，解决什么实际的社会问题。

不过，我思量了一下，又想，我宣传了企业，宣传了员工，宣传了政策，营造了氛围，凝聚了力量。这个世界上有两件事，我们应该全力以赴去做——一件是工作，另一件是兴趣。前者是安身立命的根本，后者是潜藏着我们生命的无限可能性。

我开玩笑说："反正我也不羡慕你们，我做好我的本职工作就行了。我这个人的态度很简单，不去与狗比快，不去跟猪比吃，那样的结果只是让自己猪狗不如。端正自己，才能做好工作。"

对一个人而言，任何表现和锻炼的机会都是一种恩赐，应该好好把握住。

有时候，这跟你的兴趣、追求和梦想并无多大关系，除非你选择不做。但既然做了，就一定要做好——这既是对他人负责，也是对自己负责。如果做不好，对他人或者公司而言，只是工作不完美；但对你而言，却给了世界你并不靠谱的印象。

3

走到今天,我见识过很多人,想想,其实大家的能力都差不多。人与人的差距,在于对待工作的态度和价值观的取舍上——有的人觉得拿多少钱就干多少活,而有的人觉得需要多干活才有机会拿更多的钱。虽然这只是小小的差异,却区分出了不同的人生境界。

很多人就是这样,觉得在一个团队中别人拿的钱多,自己拿的少,所以活儿当然也要干得少,责任也要承担得小。道理虽然没错,但却是自我设限;还有的人觉得,你干这么件大事,成功了你是著名导演或是最佳男主角,而我可能只是个编剧,拿着一点点可怜的编剧费,我干吗花那么大的精力呢!

很多话听起来都有道理,但并不是所有听上去有道理的话都对我们的发展有利。很多时候,这不过是另一种意义上的自我放弃。

一位从事图书编辑的朋友曾经对我说,作为编辑,他特别想遇到好的作品,推出优秀的作者,让他们成名成功。

虽然他推出这些作者自己本身并不受益，但作为编辑，把最好的作品和作者推给市场和读者就是他的工作，而这是一名优秀编辑应该做的。

有的导演自负地说，如果没有我，你怎么怎么样，以某些演员和编剧的恩人自居。事实上，没有这些编剧的精心构思，没有演员的精湛演出，你这个导演的名气又是怎么来的呢！

如果说是导演成就了演员与编剧，不如说，与此同时他们也成就了导演。

4

我想起了一位师长，他告诉我：年轻人不要拒绝做事，因为在做事的时候你就是在做人，就是在告诉大家你是一个什么样的人，这是让大家认识你的最好方式。

如今想来，我深以为然。

一个人，不仅应该努力去抓住每一次做事的机会，还要用自己的敬业精神和精业精神把每一件事都做得漂亮。当你把一件事做糟糕的时候，其实不是做烂了一件事，而

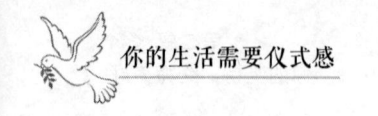

是可能通过这件事让大家认识了一个并不靠谱的你。

我这位师长教了几十年的书,按理说对教材几乎是烂熟于心了,但是每一年他都会仔仔细细地重新备课。他说:"对于工作而言,任何人都应该以新兵自居。干了十年和干了一年没有本质上的区别,积累下来的工作经验和工作模式,很大程度上都是过去式;对于习以为常的日子来说,只有保持新鲜感和激情才能在平凡中发现创意和突破。

"从这个层面上讲,十年的工作经验也可能起到反作用,因为它会误导你一直走在老路上。作为一名老师,干的时间越长,我便越警惕,越要加强学习。只有保持自身知识结构的不断更新,才能把最好、最先进的知识分享给学生。"

师长之教诲过去已逾十年矣,每当回想起言犹在耳,其拳拳之心,令我触动。

我们应该有这样的情怀和态度,去面对自己的工作和付出。不管工作是不是你喜欢的,不管你的努力和付出是不是马上就会得到对等的回报,只要选择了,就应该投入百分之百的精神去做——做事就是做人,你的一举一动,都会被关注你、在乎你的人尽收眼底。

对于你热爱的东西,更应该主动去抓住每一次表现的机会，那是一种恩赐。哪怕你不会立马得到自己想要的东西，但是通过它，只会让你离自己想要的东西更近。

那位师长说得对，老师和学生其实是相互成全、相互成就的。好学生固然需要好老师的引导，但一位好老师又何尝不需要好学生去成全呢？

世间之事，哪一件不是如此！

敬业才精业，精业才精彩。为人处事就像一面镜子，你的遭遇可能只是世界的反馈，想让世界对你温情以待，你必须做到全心付出，毫无保留。

当你成全了别人，其实就是在成就自己。

生活需要一些仪式感，与矫情无关

1

以前我教书的时候跟很多老师一样，都会引导学生谈

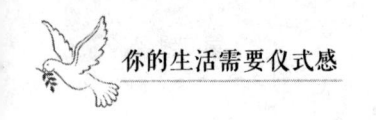

谈理想和未来。所不同的是，我让学生想象的不是自己的未来有多美好，而是——如果自己不好好努力，未来会有多糟糕。我希望他们能在面对自己最糟糕的人生时，感受到疼痛并获得力量。

都说理想很丰满，现实很骨感。展望未来是一个充满诱惑与希望的命题，甚至幼儿园的孩子也会对自己的未来充满五彩斑斓的描绘。

事实上，世界上只有很少一部分人实现了他们的梦想。而更多的人，就像故事《放羊的孩子》一样：放羊是为了赚钱，赚钱是为了娶老婆，娶老婆是为了生孩子。生孩子是为了什么？放羊！

生命的全部内容都陷入了命运的怪圈里，真实得苍白无力，也让人痛彻心扉。

心存念想，是我们活着和奋斗的动力。因为，没有人能看透明天，没有谁知道下一秒钟将会发生什么。但也正因为这样，我们可以自我安慰，相信明天一定会更美好。

事实上，明天一定会美好吗？我认识很多人，他们几乎快要走到人生的尽头了，但现实依然十分糟糕。年轻人虽然存在很多的可能性，但那些糟糕了一辈子的人，又有谁不是从年轻的时候走过来的呢？

未来不是梦想，但你错把生活当成了梦境，从来就没有醒来过——现在我想叫醒你。

记得在小学的时候，老师叫我们写一篇文章：《我的理想》。我清清楚楚记得，没有一个同学说自己的理想是将来当农民、当收废品员、当清洁工，都伟大得让人拍手称快，美好得激动人心。

转眼二十年过去了，很多当年的同学已渐入中年，多数成家立业，生活平庸，与自己当初的理想风马牛不相及。所以说，成功学上所举的例子只是少之又少的一部分，更多的是失败者，犹如一将功成万骨枯——我们记住的，只是成功者的名字。

这很现实，很实在，可能让年轻人看了会感到沮丧，但这就是真相。

2

我曾经接触过三个不同的中学生，也跟他们有过深入的交谈，并对他们的未来进行了两面性的展望。一方面，如理想般尽善尽美；另一方面，也谈到存在最极端的可能。

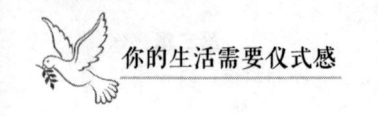

甲是一名初中二年级的学生，工人家庭出身，条件不是太好，社会背景几乎就跟我一样，亲戚当中最大的官可能就是村长了。他的学习成绩在班上垫底，他的未来是什么样的呢？

我当时是这样给他预测的：初中毕业后，他到沿海城市打工，由于没有知识也没有技术，只能做一名普通工人。每天的劳动时间超过十小时，睡得比狗晚，起得比鸡早，拿着零星的工资，花得战战兢兢。

一晃几年过去了，男大当婚女大当嫁，他可能在打工的过程中认识了某姑娘，然后结婚，再回家把孩子生了。家里又没有其他事供他们可做，把不满周岁的孩子留给父母，夫妻两人又到沿海城市打工，继续起早贪黑。

孩子在没有父母关爱的情况下，与父母的关系是生疏的，缺乏好的家庭教育在学校里也会成为"问题学生"。如此，循环往复。

乙是农民的孩子，初中三年级学生。小伙子身体健康，相貌堂堂，不过学习成绩差，纪律也不好，很不受老师待见。他的情况与甲相差无几，我猜测他如果按着这样的生命轨迹，十有八九也会到沿海城市去打几年工，然后回家结婚生子，继承面朝黄土背朝天的父业。

丙的父亲是一名公司高管，他也算是锦衣玉食的少爷。但他娇生惯养，学习成绩差，散漫、自以为是。我相信他可以凭借父亲的财力和社会关系得到一份令人羡慕的工作，但是，他一辈子都只能活在他父亲的势力范围内，一辈子被身边的人瞧不起——如果不是他老子，他什么也不是。

可能他养成的坏习惯还不能让他很好地继承父业，最后可能好吃懒做，也可能嗜赌成性成为一个败家子，沦为社会败类，成为街头巷尾的谈资笑柄。

记得当时我说这些话的时候，可能比文字描述的还要尖刻，他们不满："你凭什么把我们的未来说得那么差！"我告诉他们：不是我把你们的未来说得这么差，是你们现在的表现给了你们未来这样的暗示，现在没有任何条件来证明你们的未来会有多么光明。

3

不尽如人意，其实是很多人的未来。虽然我们可能不愿意，也从来没有想过会这样，但如果随着生活按部就班下去，得到的必然会是这样的结果。

生活的必然，远远大过偶然。

我曾在沿海城市的一所学校里教了一个多月的书，学生大都是外来务工者的子女，但很多女同学一个个都打扮得时尚漂亮，可是学习欲望很差，大多也没打算上大学或者到技术学校去学一技之长。

这些学生当中，有不少人会在课堂上打瞌睡，有的女同学甚至在课堂上描眉、玩头发。

我跟他们说："亲爱的同学们，我知道你们现在正是花骨朵的季节，可是花再美丽，它又能灿烂多久呢？一个穷苦的女人是不可能美丽的，你们可以看一看来自乡村或工棚里的女人，她们可能才二三十岁，但早已经不用什么化妆品了，整天汗流浃背不说，还可能遭到别人的白眼。下了班，她们还要拼命赶着回家去做饭，如果丈夫脾气不好，可能还要受到家庭暴力。

"我不是诅咒你们，也无意让你们感到沮丧——别不爱听，但这可能就是你们日后的生活状况。当然，我希望你们将来可以把我的假设当成一段有趣的笑话，而不是想到就落泪的痛楚。

"生活优越的女人，她的美丽是可以延长的，看看那些电影明星，她们三四十岁甚至年纪更大的依然美丽。少女时代，青春的脸蛋就是你们最好的妆容，不须雕饰，现在最重要的，应该为将来的美丽长驻做好必要的准备。

"什么是为未来的美好做准备？你们出生在普通人家，除了努力，没有第二条路可走。我相信我的假设绝非没有依据，因为你们的父辈就是最好的参照。

"当然，有的同学会说，一个人的过去都不能说明什么，更何况是父辈？我想说，过去对很少的一部分人来说，确实不能说明什么，因为在人生的某一个阶段，他们或者有什么际遇，或者通过努力奋斗改写了人生轨迹——但是，对很多人来说，过去的一切都在昭示着你的未来。"

第二天下课后，有的学生给我递纸条，有的找我谈心，他们问我该怎么办。

我说："所有的办法，其实都只是属于当事人自己的，我可以告诉你一个全世界最先进的办法，但你未必可以很好地执行它。这个问题简单得就像我告诉你煮饭的步骤，你也未必能做出可口的饭菜一样，它需要你自己去揣摩、感受与体会。

"所以，我不知道你应该怎样去做，我只问你：你将来想要什么样的生活？如果你把这个问题想好了，那么，为了得到这个结果，你可以通过很多种方法去做到——在

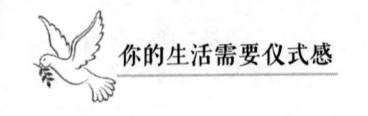

所有的方法当中,哪一种对于你来说最有可能。"

如果想好了,就去做吧,时间是宝贵的,只有合理利用时间才会有效。我们虽然年轻,但是耗不起,也输不起。因为对很多人来说,输一次可能就是输一生。

4

生命是无法注定的,我这种展望未来的方式可能会让很多人难受,但这却是生命所有存在的可能性中最重要的一种。

面对每一个孩子,我都会告诉他们:"在你们中间,将有可能产生高官或外交官,也可能产生科学家、诺贝尔奖获得者,更有可能产生国际巨星。每个人在未成功之前也只是普通学生,我不否认你们的将来可能是美好而光明的,但想要获得这样的人生,必然需要付出努力。"

虽然不乏运气好的幸运儿,但更多的是,非凡的成就必然要付出超越常人的努力。展望未来,一方面我们固然应该心潮澎湃,充满向往,但也应该心怀敬畏、警惕前行,将未来掌握在自己手中。

对一个优秀的厨师来说，普通的土豆也可以做成可口的佳肴；对烹饪一窍不通的人来说，给他熊掌也只能糟蹋了。自己与身俱来的天赋与智慧，已经没有什么可以改变的了，但技术性的东西，我们可以学习，通过磨砺来提高自己。

命运从来都不是被注定的，但可能会被自己的懒散和稀里糊涂所耽误。

千万不要被展望中的美好未来所迷惑，未来的确具备无限的可能，但其中不仅包含了最理想的状态，也包含了最糟糕的存在。

未来没有那么好，也没有那么糟糕，我们把它引向何处完全取决于自己。

我们都是自己命运的摆渡人，一言一行，都在指引着命运的方向。

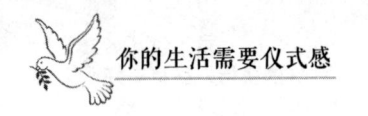

你可以没有野心,但不能没有职业尊严

1

在我们身边有很多这样的人,他们给人的感觉似乎没有任何事业上的野心,朝九晚五,安于现状,热衷于过平平淡淡的小日子。

我以前有个同事就是这样,甚至连职称都懒得评。领导让他干什么他就干什么,从不主动,也从不拒绝。我们看不下去了,刺激他两句,他说:"反正我又不想升官发财。"日子就这样如水流淌般继续下去,他挺满足的。

没想到好日子没过多久,公司开始改制,重新竞聘上岗,他才发现工作十几年的自己竟然一无所有——没有职称,没有业绩,没有人脉,最后只能到后勤部打杂等着退休。

一个四十岁的人,正当壮年就被安排去从事等待退休的工作了，真寒碜！

我想，当他得到这个消息的时候，心里一定不是云淡风轻，而是懊恼与羞愤的。我觉得像他这样的人，最大的问题并不是没有野心，而是根本没有职业尊严。

2

所谓职业尊严，就是你必须捍卫你的岗位，捍卫你从事的工作，捍卫属于你的领域。一个技术人员，至少应该是自己所在领域的行家，一个从事文字工作的人，至少具备咬文嚼字的本事——你不能稀里糊涂地混在一个甚至不属于自己的行业里。

我们不能要求任何人都有追求，野心勃勃，满腔热血。但是，就算没有追求，不谋求职务上的升迁，你也应该在自己的工作岗位上不断自我提升，做到必要的敬业和精业。这与有没有野心没有任何关系，这是你的饭碗，你至少有义务和责任去捍卫和守护它。

每个人都有一片属于自己的天空，在这片天空里，有的人愿意尽情翱翔，并梦想着有朝一日直击苍穹；有的人却喜欢静静地躺在草地上,与世无争,看云卷云舒。

这两种人生态度都没有错,但不管选择哪一种人生,都应该对得起你所从事的职业。职业也是有尊严的,你不能随随便便敷衍它,甚至利用它来蒙骗基本的生活成本。

一个人行骗一次很容易,但不能一辈子都会得逞。

3

一个具备职业尊严的人是什么样子?我曾经见识过一位做得很棒的女士。

庞女士是我的一位朋友,从事行政管理工作,她是我见过的最没有追求的员工之一。

她的生活特别惬意,旅游、咖啡、电影、红酒、阅读,不喜欢加班,领导给她升职,她甚至直接拒绝——不想管人,没精力、没工夫,也没兴趣。

但是,她在自己的工作领域内毫不含糊。资料分类,清清楚楚;安排活动,有主有次;应酬接待,有礼有节。

庞女士对我说:"做好工作并不是为了升职加薪,而是不想让人以为我无能,质疑我的态度。"

这就是工作的尊严和底线。你的职业就是你的领域，在你的领域里，如果随随便便就被人质疑，那是一个人最大的耻辱。这样理解更透彻：你并不一定是无能，也可能只是不作为，但一定是无德，缺乏基本的职业道德——能而不为，就是缺德。

一个对待职业不道德的人，一定会被职业所惩罚。

这个世界上从来就没有什么稳定的工作，也没有什么平平淡淡。哪怕追求平淡，也是处于变化中的平衡，而要保住这平衡，根本不是你的毫无作为所能做到的。

运动，才是保持平衡最好的方式。作为个体，一个人最好的运动，就是在职业修养上至少做到与时俱进。

即使你的职业素养不奢望你具备太多的前瞻性，但你至少不能在工作中拖后腿；你的工作不奢望你出类拔萃，至少你要能做到得心应手，而不是疲于应付。

4

具备职业尊严的人，绝对不会把自己当成万金油：我是一块砖，哪里需要哪里搬。

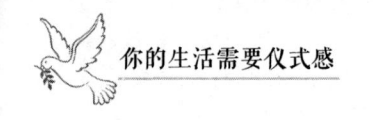

在现实生活中，他们会明确拒绝自己不擅长的事情，君子不逞强，在本分之内追求卓越。一旦他们定位清楚了自己的职业选择，就会兢兢业业，成为领域里的行家。就算不能够举一反三、触类旁通成为研究型人物，当谈起工作来，他们至少能够头头是道说出个子丑寅卯来——这是我的领域，我不能一无所知。

足够专业，才够职业。这是职场最基本的法则，再好的表演者也装不出来。

足够职业，才会赢得尊重——一个连工作都弄不明白的人，只会被人看不起。一个在工作上都被人所轻视的人，谈什么淡泊名利、云淡风轻？那是行走刀刃之上却能如履平地的人。

如果你连基本的工作都搞不清楚，也根本不知道自己的长处在哪里，自己的领域在哪里，还谈什么云淡风轻？你不过是在职业岗位上混生活的成本，维持生活的现状而已。

论及性情的潇洒，为人的自在，街上的乞丐岂不是比你更加无欲无求？一个人不能用这些美丽的言辞去掩盖自己在职业上的懒惰和不负责任。

5

不管一个人选择的职业是什么，都不能丧失职业尊严，因为那是做人的尊严的延伸。

如果你工作五六年了，在岗位上没有任何存在感，就像一个人活着没有任何尊严可言，任何人都可以羞辱你、践踏你、替代你——你要专业没有专业，要态度没有态度，那你就是在混日子。

世界在发展变化，职场也需要不断洗牌，没有任何岗位可以保证让你五十年衣食无忧。

什么样的人不会失业？有职业的人不会失业。铁饭碗的意义不是端着一只碗一直有饭吃，而是走遍天下都有饭吃。

如果你够职业，就可以理直气壮地说"此处不留爷，自有留爷处"，而不是离开了原来的公司，你连找个混饭吃的地方都没有。

我特别喜欢这样的底气，这是一个足够专业、足够职业的人才具备的自信。那些说自己没有野心而不求上进的人，可能连基本的羞耻心都没有，做不好也不学，厚着脸

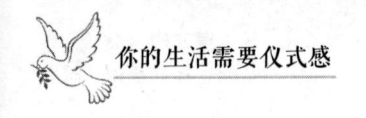

皮天天都在混。

不尊重自己的职业，有一天，职业一定会狠狠地惩罚他。

一个人想要淡泊名利，想要云淡风轻不是不可以，而是你必须有资本才有资格去想。对很多人来说，这个资本就是两个字：职业。

一个人所在的岗位，不代表他的职业，他所从事的具体工作才是他的职业。

一个人的岗位可以在任何地方，只要他足够专业、敬业，任何地方都愿意给他舞台。

你有没有野心真的一点关系也没有，野心，对一个人来说应该是一种选择——你能够，但你不要，而不是你不能够，却自我安慰不稀罕。

不管你有没有野心，你都必须足够专业和敬业。

活得那么廉价，就别奢望遇到贵人

1

常听到身边那些混得一塌糊涂的人在感叹："我们就是没有人提携，如果有人稍微提点一下，也不至于混得那么差！"他们说得特别情真意切，我差点就相信了他们的观点。

说白了，他们就是觉得人生中缺少了一个推自己一把的贵人。

但这是一个什么样的贵人呢，他们却根本说不出来。我仔细推敲，他们所说的那位贵人，大概就是给他一个机会，让他赚到很多钱，或者上升到一个相当高的职位上。

当我弄明白事实真相之后，面对他们的感叹，我暗想：你说的那位贵人可能还没有出生。

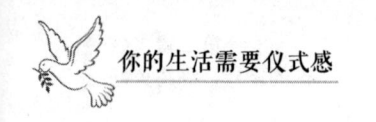

一般来说，贵人是指在我们的人生和事业中对自己有巨大帮助的人。

我们应该先弄明白两个问题：什么样的人会帮你？他们为什么要帮你？

一位在媒体圈浸淫多年的朋友小方，他在地方上也算是个上下通络的人物，大大小小各个企业，七七八八各种名流，他不仅认识，还颇有交情。

前段时间，他极力忽悠我到某机关去帮对方做资料，我不想去，就向他推荐了另一个人。

小方摆摆手，说："如果你不想去就算了，换别人我也不了解，就不推荐了。"

小方做人有个原则，不轻易推荐人，除非自己特别熟悉了解。如果不熟悉、不了解，如果单位不好，被推荐的人会埋怨他；如果推荐过去的人不好，用人单位同样会埋怨他。虽然可能双方都不会将不满传达到他耳朵里，但他觉得这种事要锦上添花，不能添堵。

小方的态度，基本上也是很多贵人的态度——要提携你可以，首先你得值得提携才行。

那些抱怨生活中缺少贵人的人，也许曾经闪现过远大的理想和超凡脱俗的情怀，但也仅此而已。你看看现实生活中的他们，日子将就着过，没有一技之长，没有特别的爱好，也无忠实的信仰，别人十年磨一剑削铁如泥，他过了大半辈子，连把像样的砍柴刀都没磨利索。

你的生命中没有贵人吗？不是，可能是你的生命里没有贵人要找的东西。

对于遇到贵人这个问题，我一直是这样认为的：物以类聚，人以群分，你首先得是那块料，才有可能遇到那个人，哪怕你没有相应的专业知识也没关系，但至少要流露出贵人看重的品质。不然，世间千千万万人，人家凭什么看上你、提携你，让你从此走上人生巅峰？

2

鸟鸣于林是为了找到同类，作为群居动物的人类，又何尝不是如此？

不管古今中外，只要是同一个时代，那些行业内的优秀人物几乎都是相互认识的。影视圈就不用说了，某个明星要结婚，直接来了半个娱乐圈，甚至比年度盛典还热闹。企业家也是如此，王石为了拜访褚时健多次亲自上了哀牢

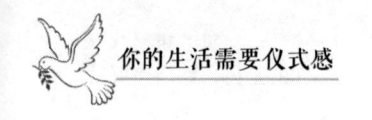

山。优秀的人，总会在一定的时间内自动归类。

你想让他们成为你的贵人，首先，你必须让自己成为他们的同类，哪怕你依然弱小。

我有个朋友从事媒体工作十余年，在工作的过程中认识了很多有权有势的人物，他也存了他们的电话号码。但是，这么多年过去了，这些资源他一点都没有用上。

就像此刻的我，如果马云坐在我的面前，我真不知道让他提携我干点什么，总不能让他施舍点钱给我吧？

我唯一能做的，可能就是拿出小本本让马云给我签个名，然后发朋友圈炫耀一番。

我和马云之间的差距，并不是物质和地位上的，而是人生境界的差距，包括价值观、思维方式和精神状态等。这种境界上的不同，对我而言，可能无法跟他想到一块儿去；对他而言，我可能丝毫无法引起他的半点兴趣。在这种情况下，哪怕他再"贵"，也不可能是我的贵人。

一般来说，贵人只可能是贵人的贵人，他们更可能提携的是曾经的自己。

3

为了与这个世界上最优秀的人成为同类，邂逅那些在生命中举足轻重的贵人，你必须让自己活得昂贵——哪怕你低到尘埃里，依然要仰望着天空的星辰，梦想着远方的大海。

英国作家吉卜林曾经在给 12 岁的儿子的信中写道："如果你跟村夫交谈不离谦卑之态，与王侯散步不露谄媚之颜，孩子，你就会在低眉与抬头之间感受到人格的尊严和伟大。"昂贵不等于物质的富裕，而在于品质的超凡。

也许这么说过于空洞宽泛，具体来说，有资格成为别人贵人的人，都是在某些领域颇有建树的成功人士。作为成功人士，他们一定具备着一些我们可以参考的共性：

第一，这类人充满积极向上的正能量。他们乐观积极，敢于承担，善于冒险，不惧失败。当然，也只有这样的人才会入贵人的法眼。如果你消极懈怠，为人低贱，活成一个连自己都会讨厌的人，跟贵人生活在两个不同的世界里，又如何奢望与他们邂逅呢？

第二，这类人善于学习，善于总结和自我反省。读书，是这个世界上门槛最低的高贵，也是拉低我们和世界上优秀人才之间的差距的方式。

第三，这类人勤于钻研，在自己的领域内兢兢业业。俗话说，机遇不会光顾没有准备的人。要想得到贵人相助，至少得让贵人发现你，认为你是有用之人，值得帮助。最直接的办法，就是跟他混同样的圈子，做同样的事，让他看到你的专业和决心。

关于贵人的特性还有很多，归根到底，要想得到贵人相助，你不能太廉价。越努力才越幸运，当你不断地去奋斗，不断地超越自我的时候，别人就会尊重并欣赏你，从而提携你。

4

事实上，对贵人来说，他们喜欢锦上添花，喜欢看到自己的付出很快就收获回报。对普通人来说，贵人也只能锦上添花，如果是雪中送炭，那不过是施舍。如果一个人一味地渴望着有人施舍，估计他也是不值得提携的。

虽然说了这么多，其实我一点也不相信贵人相助这句话。相反，我更喜欢和贵人合作，互助互利，各取所需。

几年前我年少轻狂，说过这句话：世无明主，何不称王！既然没有人欣赏自己、提携自己，那我就做好自己。

天助自助者，当我成为一个更好的人的时候，当我无限接近贵人时，我想，天下的成功者都将是我的贵人。因为，他们像我一样，也需要寻找最优秀的同类一起实现梦想。

良禽择木而栖，贤臣择主而事，君子择贤能而助，其中因果非运气也！

天贵地贵都不如自己贵，最重要的贵人就是自己。唯有你，终将决定自己的未来。

愿你每一天都活得自由而兴奋，最终成就更好的自己，愿这个时代最优秀的人都是你的同类，与你一路同行。

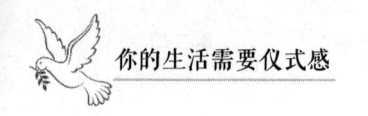

我只是不愿意将就

1

以前在知乎上看过一篇文章,叫《远离自己的舒适区》。虽然这样的观点很早以前就接触过了,当时也觉得特别有道理,可以鼓励自己更加勇敢地向新世界迈进。但今天重新再来审视它的时候,我动摇了,特别是当自己折腾了好几年之后,这一观点已经彻底被颠覆。

我们为什么要离开自己的舒适区?这些年来,我不断更换生活环境,不断变换自己的职业,从南到北,从东到西,从小工厂到大媒体,从央企到市井小贩,如此折腾来折腾去不就是想找一片属于自己的舒适区好自由翱翔吗?

对我来说,远离舒适区也许太过遥远,我就想待在自己的舒适区里活得飞扬跋扈。

对持这一观点的人来说，总是待在自己的舒适区里也许会故步自封，只有敢于迈出自己的舒适区，才知道生活里有很多的可能性。

但是，对于很多像我这样的人来说，可能一辈子也没有体会过自己真正的舒适区。所以，"逃离舒适区"这样的话题只是伪命题。

生活里虽然有多种多样的可能性，但我就想在舒适区里努力做最好的自己。坦白来说，我现在心心念念的是找到自己的舒适区，而不是什么逃离舒适区。

2

我曾经无数次引用《黄鹂》中的一段文字，孙犁先生到了江南，才理解"杂花生树，群莺乱飞"这两句的妙处。在太湖的山色密柳中，乍雨乍晴的天气里，才看到了黄鹂的全部美丽。这是一种极致，这里才是它们真正的家乡，安居乐业的所在。

"各种事物都有它的极致。虎啸深山，鱼游潭底，驼走大漠，雁排长空，这就是它们的极致。在一定的环境里

才能发挥这种极致,这是形色神态和环境的自然结合与相互发挥,这就是景物一体。典型环境中的典型性格,也可以从这个角度来理解,这正是在艺术上不容易遇到的一种境界。"

一个人要想展现出生命的全部天赋,应该在自己的舒适区里就像孙犁先生所说的一样,合适的人在合适的地方做适合的事,才最可能把事情做到最漂亮。

虽然我们知道一个人可以做的事有很多,但逝者如斯,时不我待,一辈子能把自己最擅长的事做好就算成功了。

我们不妨看看古今中外成就卓著的人物,哪一个不是在自己最舒适的领域里取得了非凡的成就:莫言著书极为享受,别人写一部书瘦几圈,他写完一部书胖了十斤,但他获得了诺贝尔文学奖。

袁隆平发明了杂交水稻,造福数以亿计的中国人,当时他吃在田边,睡在地角,津津有味,其乐无穷。

这是他们的舒适区,是他们自由翱翔的世界。

每个人的生命中都有一片天空是他们的舒适区。海明威的舒适区是文字的万里汪洋;卓别林的舒适区是戏剧的永无止境;爱因斯坦的舒适区是科学的追求探索;贝多芬的舒适区是五线谱上的那些璀璨线条;华罗庚的舒适区是数学世界的海阔天空……也许外人无法理解，只有当一个人处于自己的领域里的时候，才能体会什么叫穷其一生的乐趣。

人生的痛苦根本不是奋斗路上的艰辛，而是无法从事自己喜欢的事业，浑浑噩噩地过一生。

3

当然，也许主张"逃离舒适区"的人持有这样的观点——天外有天，山外有山，外面的世界更大更精彩，我们不能故步自封，满足于自己的一亩三分地，放弃更广阔的舞台。

但对很多人来说，他们根本达不到拥有"一亩三分地"的程度，连舒适都谈不上。他们的生活状态，很大程度上不是舒适了舍不得逃离，而是不知道如何逃离，然后一直将就。

一个上班有二十年的人，他觉得上班舒适吗？一点也不舒适。为什么坚持？反正快退休了，再忍一忍。我相信，安于现状得过且过的人，百分之九十都是这样的态度。

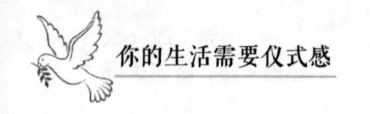

他们过得并不舒适，却怯于去寻找海阔天空的舒适区，一如猛虎困于笼中，不是因为舒适，只是害怕撞破那禁锢它的笼牢而无处可去，于是将就着默数生命的倒计时，浑噩度日。

所以说，百分之九十九的人都不是待在自己的舒适区里——相反，他们一直待在一个自己并不喜欢的地方，过得特别憋屈。

如果说"温水煮青蛙"是一个警示人们的故事，但对我而言，如果能像这只青蛙一样把自己享受死，也不失为人生美事。毕竟，青蛙在死之前，曾经美美地享受过这个世界上最舒适的生活。

但是，很多人可能连半点的体会都没有，就一直憋屈至死！他们不是死在了自己的舒适区，相反，他们"以心为牢狱"，待在一个让他们无比痛苦的地方，做一些"食之无味，弃之可惜"的事，然后就这样一不小心将就了一辈子。

4

我希望，每一个独一无二的灵魂都处在自己的舒适区中，就像一条鱼遨游于大海，一只鹰搏击于苍穹——在属于他们的领域里无拘无束，创造出非凡的成就，活得痛快精彩。

如果你热爱写作，写作就是你的舒适区；如果你热爱数学，数学就是你的舒适区；如果你热爱美术，美术就是你的舒适区。我希望，每个人在自己的舒适区里，无人逼迫，无人催促，可以自由自在地向前奔跑。

我们会被信念叫醒起床，被梦想催促出发，可以为了信仰倾其所有——哪怕遍体鳞伤，依然能苦中作乐，泪中带笑。那才是我们的领域，才是我们的世界，才是我们真正可以痛快活着的舒适区。

我相信每个人都有自己的舒适区，在里面没有将就和憋屈，正确的人做正确的事，一切顺其自然，水到渠成。当我们临死的时候，可以自豪地对自己说：这一辈子我没有遗憾。

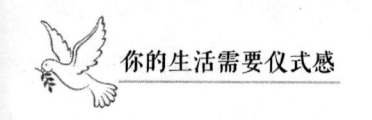

人一辈子最幸福的事,不是多么富有或多么享受,而是曾经遇见了最好的自己。

不得不说,很多人自始至终都没有遇见最好的自己。虎归山林方为虎,鹰击长空才是鹰,我们甚至没有处于可以展现生命极致的环境里,又何谈遇见最好的自己?

我们应该像孩子盼望着母亲温暖的怀抱,努力去往自己的舒适区。因为只有在那里,我们才有机会成为最好的自己,哪怕穷极一生,伤痕累累,也云淡风轻,心澄如镜。

最好的生命应该是享受,而非忍受。愿你不将就,不憋屈,不痛苦,不后悔。

第三辑
世界不曾亏欠每一个努力的人

在这个"很多人的努力就像个笑话""我们的努力远远没有达到拼天赋的程度"的时代,我需要好好读几本书,学习一些技能,锤炼一些本事。我知道自己没有才华,所以更要倾尽全力。

世界不曾亏欠每一个努力的人

1

自卑情结人皆有之,但自卑者必有自信,一如可怜者必有可恨之处一样。

Y是贵州某偏远乡镇的特岗教师,是一个我不怎么看得起的朋友。请原谅我的坦白,我对他这个人真的无话可说——他以前是个发表小文章的人,思想迂腐得像刚出土的文物似的。

学校放假了,Y特别跑过来看我,按理说有朋自远方来,不亦乐乎,事实上,我毫无快乐可言——见面三句话,他句句不离惭愧,没脸见人,混得差。然后,他向我打听一些朋友、同学,问问别人的工资,说说别人的职位,越发觉得自己是混得最差的那个。

我问他:"你有目标吗?"

他茫然不知,只说想找一份更好的工作。我说他活该。

一不问地位,二不问工资的高低。这是我和年轻朋友们在一起时所遵循的基本规则。没钱的时候,我向别人借,有就借给我,没有就坦白说。巴菲特都有缺钱的时候,何况区区我辈?

很多东西是无形资本,要知道,自己所拥有的一旦有一天全部兑换,可能会比很多人多上百倍,千万倍。

我缺钱,但并不贫穷。我没必要因为现在口袋比别人空而感到无地自容——相反,我正在尽情地享受着清贫日子带来的精打细算的乐趣。

人生是一个不平衡的发展过程,就像一个人的生长一样。三五岁的时候,野草一般地长,还不到十岁就有一米五六了,但到了十七八岁还是一米五六。有的人呢,小时候也不怎么见长,但到了十三四岁突然来个大转弯,长出个一米八九的好身高来。

这种事情有可能吗?完全可能。

2

年轻人从大学校园里走出来,刚刚走上工作岗位。这就像长跑一样,有的人天生条件好,刚开始冲劲很足,一下子就遥遥领先;有的人在慢慢来,但保持着匀速,有足够的毅力与耐力。

最终的胜利者是谁,谁又能未卜先知?

人生是一次充满未知的冒险,心态是对待这次竞赛的重要因素。我羡慕现在正在良好的工作环境里领着高薪,和漂亮女朋友风花雪月的朋友们;同时也佩服在较差的工作岗位上脚踏实地,不卑不亢、自食其力的朋友们。

如果说我看不起谁的话,我自己都会抽自己两耳光——我看不起的,是现在就自以为是地下定论说某某行、某某不行的人。

因为年轻,不允许定论,不会被注定。年轻,一切属于未来,一切皆有可能。

就算你是一个智力平平、相貌平平、学历平平的青年,但记住,某一项优势可能成为你成功的重要砝码,但同样有很多有这些优势的人最后一事无成。因为，人生是一次综合的博弈，智力、毅力、耐力，运气、勇气、才气等都可能影响结果——被发现的宝藏才是财富，被别人肯定的能力才是你的骄傲。

有的人虽然领着高薪，事实上，他只要离开了那个工作岗位，离开了他赖以生存的公司背景，他啥都不是。

有的年轻人虽然现在一无所有，一穷二白，但他目标明确，并且坚定不移。他所积累的是无形的财富，一旦时机成熟，就可以大展拳脚。

请允许我瞧不起你，这并非对你不敬，因为你的态度和想法让人沮丧。

最后，建议你去看一个故事，我小学三年级的时候都学过，叫《丑小鸭》。有时候，过去的漂亮并不代表走得远，现在的丑陋并不代表永远的卑贱，除非我们已经停止了进步，放弃了努力。

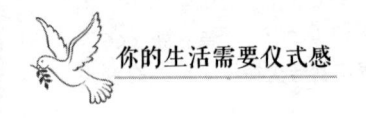

不能做出正确选择,是因为你不够专业

1

一位亲戚说他这辈子最后悔的事,是在十八岁那一年没有选择去当兵。据他说,当时一切都准备好了,只是最后他选择放弃了。为什么放弃呢,因为他要跟隔壁的一位大哥去学理发,学完理发很快就能自己挣钱。

如果他去当兵的话,我相信,以他的性格和各方面的素质,在部队里一定会干得不错。在人生最关键的时候,他选错了。正应了那句话,选择不对,努力白费。

很多人都知道,天赋不如努力,努力不如选择,选择比努力重要。但是,在我看来,选择固然比努力更重要,但选择本身就需要大量的练习和努力。

人生有很多的关键时刻,上学的时候选择哪一所学校会适合自己，报高考志愿的时候选择一个比较适合自己的专业，后来工作了还要选择一个适合自己的职业。甚至结婚的时候，到底该选择什么样的伴侣，都是一门十分艰深的学问。

选择对了，如鱼得水，平步青云；选择错了，如陷囹圄，可能一辈子就简简单单地过完了。但选择绝对不是靠运气——现在的考试有很多选择题，哪怕是号称最难考的司法考试，其选择题的比例也占到了四分之三，可有几个人能靠运气就通过呢？

一道四选一的选择题你都没有把握做对，何谈漫无边际的人生和现实社会？

优秀的选择能力，本身就是努力的结果。它包含了对大量信息的收集、分析和仔细对比，这是一个极为辛苦的认知过程。虽然也可能在信息没那么全面、自己也拿不太准的情况下赌一把，但押注的时候绝对是有理有据的，而不是闭着眼睛听天由命。

这是学霸与学渣的区别，也是优秀与平凡的差距。虽然都可能是在赌，但有的人有百分之八十的把握，有的人有百分之九十的把握，而有的人可能只有不到百分之十赢的机会。

2

我的朋友老廖最近在做一件事，就是专门给那些经营不好的小企业把脉问诊。

比如一家餐厅，它的生意为什么好，或者为什么不好？他会罗列一系列的清单出来，包括地理位置、就餐环境、菜品、服务、价格、品牌等，并逐一找到症结所在。他的这份工作给了我很大的启示。

经营企业如此，那么，经营人生又何尝不可以如此呢？既然人生存在很多种选择，那么在关键性选择的时候，我们是不是也可以来一次这样的评估？

德国启蒙运动时期的美学家、文艺批评家莱辛在《拉奥孔》中提出艺术创作上的"最富有包孕性的顷刻"。意思是说，在绘画、雕塑等作品中，艺术家往往只选择了某一个瞬间，比如《蒙娜丽莎》就是一个瞬间，而这一个瞬间，却是最富有含义的瞬间。你通过这一个瞬间，不管往前推还是往后看，都有很多的可能性。

人生，其实有很多这样的瞬间。

当面对这一瞬间的时候，我们该如何抉择，或者说如何抓住这样的瞬间呢？

就像做对选择题的人，一定不能完全靠运气，不能完全靠直觉，必须具备"关键时刻"正确抉择的评估能力。

事实上，那些混得好的人，关键时刻的评估能力都不会太差。毕竟，人生的过程往往就是非此即彼的选择题，继续读书还是辞职创业，当公务员还是去教书，在这些问题中，你往往只能选择其中一个。

杨家将选择忠烈，成就千古英名；秦桧选择卖国求荣，成了千古罪人。这样的例子在历史上不胜枚举，在那些杰出人物身上更是表现得淋漓尽致——诸葛亮为了选择明主，观察了刘备很久，不惜让他三顾茅庐；范增跟错了项羽，"竖子不足与谋"，留下历史的遗憾。

选对了成功一半，选错了耽误一生。一旦选错了，你的努力可能是错上加错。毕竟，当方向反了的时候，你越拼命向前跑，离最初的梦想之地只会渐行渐远。

如何确保自己在选择的时候尽可能选对呢？就像老廖做的一样，在关键时刻你必须运用自己所有的知识、智慧和运气，对将要做的选择做一次关键性评估。

3

很多人在人生的选择中,根本没有想过去做这样的评估。他们的选择完全由着性子,凭着感觉来,根本没有考虑自身的条件、所处的环境以及未来的趋势。

其实,在关键时刻的选择上,我们应该考虑的也不外乎这三点,想清楚了就成功了一半。

成龙在拍《蛇形刁手》之前,跑了几年龙套都郁郁不得志,一度开始动摇了:我继续在这个圈子里混下去什么时候是个头,能不能混出个样子来?他甚至想过,要不干脆去澳洲当厨师得了,在娱乐圈混不好连厨师都不如。

他对自己进行了一次深刻的评估:本身功夫不错,也很有表演天分,电影在当时是一个朝阳产业,未来不可限量。同时,自己也确实热爱这份事业。最终,他坚持了下来,一直到拍了《蛇形刁手》后一夜成名,从此开启了他辉煌的巨星生涯。

村上春树,一个创造日本销量神话的天才作家,三十二岁才决定从事专业写作。他在推出的自传性作品《我的职业是小说家》一书中披露了很多细节，其中就有关于他打算放弃一切，专心成为一名小说家之前对自己将要做出选择的全面评估。

虽然这样的评估没有谁敢保证会百分之百成功，但它扩大了选择的有利局面。在面对选择的时候，我们必须清楚地评估自己——从性格，到天赋，到努力程度，再到吃苦精神，甚至包括人缘、人脉和资源，以及家庭对自己的支持等，都应该做一个深刻的思考。因为，这些评估都会成为你将来是否取得成功的因素。

想清楚了这些问题，你还应该想想是不是真的喜欢自己的选择，这十分关键。事实证明，如果不是十分喜欢，选择的结果一定是个悲剧——选择一个你不喜欢的人，害人害己，你们最终都会痛苦；选择一个你不适合的职业，可能你得十分憋屈地将就一辈子。

除此之外，你还得想清楚自己所选择的未来前景。马云、马化腾他们为什么很快成了中国富豪，只因为他们恰到好处地站在了网络发展的风口浪尖上，执时代之牛耳！这是任何努力都无法做到的，时代大势，就是时代之力。

如果时代都在帮一个人，那就没有什么可以阻挡他，这叫天时地利人和。

4

一个混得好的人,必须具备在关键时刻进行选择时全面评估的能力。如果没有这样的能力,你可能运气好选对一次,但不可能选对一辈子。但这样的能力并不会平白无故而来,除了天生敏感的直觉之外,是一个人经过长期努力,注重积累,学会分析的结果。

你要选择或是放弃一项事业,必须懂你自己,还要懂事业本身。有的人为什么轻易就能做出正确的选择,是因为他们通过长期的关注和分析,做到了知己知彼,十分清楚这项事业是怎么一回事。

现在,我随便把一道选择题扔给你,哪怕二选一,你也没办法保证自己选对,因为你不懂,只能猜。这要求我们必须具备相应的专业精神,专业没有秘诀,专注久了自然就是专家。当然,当你长时间专注一件事的时候,你也会慢慢学会读懂自己。

读懂自己,除了有意识的自我分析之外,还在于长期做事积累起来的直觉。你能够得心应手地对付,还是只能十分痛苦地敷衍，你要有自知之明。当你成了某个领域的专家，大致也会判断清楚它未来发展的基本走势。

什么样的人会做出正确的选择？说到底，专业人士会做出正确的选择。

如果选错了，并不仅仅是你的运气不好，而是你把所有赢的机会都给了运气。实际上，命运往往把握在自己手中，如果你足够专业，足够有能力，哪怕是运气也会被你握在手里。

记得我有个同学曾经说过："我永远也不相信一个人凭运气就能够考上清华。"但他又说，他相信一个有实力的人在运气不太好的时候，也许只能够上浙大或者复旦。这才是真正的明白话。

再也不要说什么选择比努力更重要了，能够正确地选择，往往也是之前努力的结果。

那些混得好的人只是选择对了吗？如果换一个人做出了与他们同样的选择，也一样混得好吗？我十分怀疑，如果让我去阿里巴巴当CEO，我到底能不能够成为中国首富，甚至能不能做下去，毕竟我一窍不通。

那些做出正确选择的人，其实分两个方面，一是他们选择了适合自己的事业；二是他们努力让自己所选择的事

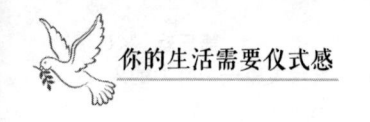

业朝最好的方向发展。而这些,才是成功的关键。

如果你不想办法让自己更专业,就别后悔当初做出的选择。哪怕时间倒流,重新再来一次,也还是一样的结果——就算你做出了另外的选择,后来的发展也不会是你想象的样子。

年轻可以犯错,但不是让你胡来

1

表叔的孩子今年正在读大学,前段时间,因为炒股借高利贷,对方打电话过来说人被扣下了,必须把钱还清了才能放人。表叔没有办法,只能把钱凑足赎人。这情节有点像电影《老炮儿》,儿子混蛋惹事,逼着老子重出江湖。

孩子被赎出来之后,表叔气不过拍了他一巴掌,父子之间顿时剑拔弩张。

大伙开始劝解："年轻人哪有几个不犯错误的，你也不要太怪他了。"表叔气愤难当，说："我不是怕他犯错，我是担心这样下去他会犯罪！"

表叔的这句话像一道闪电划过沉寂的天空，我看到一位父亲深深的忧虑。

年轻人可以犯错，甚至可以鼓励他们犯错，这话相信每个人都不是第一次听说了。

是的，在很多年轻人那里，年轻成为最冠冕堂皇的理由。不管你怎么说，一句"我年轻"就像核武器一样足以击毁所有无懈可击的道理；不管你批评他不珍惜感情，不珍惜工作，不懂得节俭，还是好赌成性、惹是生非不靠谱，一句"我年轻"就可以把你晾到一边，理都懒得理你。

年轻，说明需要成长，说明人生还很长，将来还有很多机会。犯错，是每个人在成长过程中必然面临的问题，大家都是从犯错的过程中走向成熟的。

吃一堑，长一智。你没有机会犯错，就没有机会成长。犯的错越多，就会越接近真相。犯错是年轻人的权利，错误是人生的一种经历，经历了我们才能有所成长。

这种鸡汤式的话我们听得不少，我承认某些时候自己也会认同类似的观点。不过，仅限某些时候！

2

在我看来,年轻并不是资本,恰恰相反,年轻毫无资本可言,很多人年轻时都是一穷二白的穷光蛋——一没有经验,二没有资历,三没有资本,四没有人脉,甚至连知识积累都不够,有什么资本?说白了,很多时候他们穷得只剩下一条命。

什么是成长?成长就是让自己一穷二白的生命不断积累起各种各样的资本。这其中包括性格的磨砺、人性的完善、知识的储备、经验的积累、能力的提升、人脉的拓展等等。

如果你不能让自己不断积累起资本,就谈不上成长。一个人如果不成长,年纪再大,也只是印证了一句老话"有志不在年高,无志枉活百岁"!幼稚与否,很多时候与年龄无关。

父母对子女的期望是什么?终极愿望大概是成才成器。如何成才成器,其实就是不断地成长,在最好的阶段能将自己的天赋发挥到淋漓尽致,事业有成!

以此为前提，犯错是年轻人成长的手段和选择，绝不是胡作非为的理由和借口。

对任何人来说，犯错从来都不是目的，成长才是。并非所有的犯错都能促使一个人成长，有的犯错简直就是犯傻，不仅对人生的积累毫无意义，甚至可能让自己万劫不复，白白浪费青春，命运由此改变。

我有一位堂弟，十七岁那年夏天因为打牌赌钱输了个精光，便寻思着跑到学校的学生寝室收保护费。当天，他和同伴身上各自带着一把匕首，并且用来威逼学生。他们的无知让自己付出了惨重的代价，事发后被捕，并毫无争议地被定性为抢劫，一判就是十年。

堂弟学上不成了，十年的青春身陷囹圄，当刑满释放已近三十，一无所有，甚至还背负着刑满释放人员的身份，想找个正经工作都难。所以说，年轻时候犯下的错，要用一辈子来买单。

还有一位是我初中的同学，年轻时犯下的过错，也同样用了一辈子来偿还。

她年纪轻轻便交了一个社会上的男朋友，后来沾上毒品，做过人流，现在过得人不人鬼不鬼。今年春节我回老家，在镇上碰到她，看她面黄肌瘦，双目无神，染着黄头发，

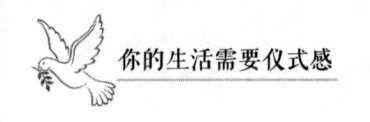

化了浓妆,手上夹着一支香烟,一点也不像三十岁的人——如果不是她喊我,我甚至认不出她来。据说她现在的老公也是一个混混,两人没有孩子,三天两头吵闹打架。

年轻人犯错是无可避免的,有时候我们甚至会鼓励他们勇敢去犯错,去承担。但什么样的错可以犯、什么样的错不能犯是一个严肃的问题,因为错误不能一概而论。

3

百余年前,梁启超先生一篇《少年中国说》振聋发聩,令多少青年人热血沸腾:"少年智则国智,少年富则国富,少年强则国强……"

但是,少年如何智?如何富?如何强?梁启超先生赞美和倡导的是一种蓬勃向上、积极进取和勇于担当的少年壮志。年轻人应该像八九点钟的太阳,惊蛰后的气温冉冉升起,越来越强,最终光芒万丈,如日中天。

如何保证每一个年轻人天天向上,未来可期?或许没有人能够保证,但是,在对待年轻人成长的问题上,我认为他们可以犯错误,走弯路,但永远也不能走绝路——哪怕你再年轻，有再多的理由和借口，也要给自己一个可以从头再来的机会。

我们鼓励年轻人犯错，并不是鼓励你放纵自我，胡作非为，泯灭良知，践踏正义，更不是鼓励你去伤害他人，折磨父母，冲撞师长，挑战法律底线，甚至背离人性。

我们鼓励年轻人勇敢犯错，实际上是鼓励他们更加勇敢地接受来自社会方方面面的洗礼，接受来自成长方面的挑战，甚至把年轻当成一种责任、一种担当，去拥抱这个世界。

因为年轻，我们应该探求真理，追求知识，惩恶扬善，更加勇敢；因为年轻，我们应该承担责任，维护正义，追求梦想更加积极；因为年轻，我们应该追求突破，开拓创新，在挑战未知方面更加义无反顾；因为年轻，我们应该更加爱自己的父母，爱自己的兄弟姐妹，把握好一生中最美好的时光，努力学习，提升自我，让自己更快、更好地成长起来。

而现在的情况是，很多年轻人说起犯错，理直气壮，不知深浅。

你年轻，就可以让女同学无知怀孕、冒着生命危险去小诊所做人流？

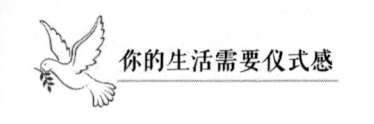

你年轻，就可以拿着父母的血汗钱到黑赌馆输得天昏地暗？去网吧整夜玩游戏？

你年轻，就可以不学无术，学流氓地痞无法无天，将自己推向绝境？

你年轻，就可以管不住自己去坑蒙拐骗？

你年轻，就可以放纵自己沾染恶习比如染上毒品，让仇者快、亲者痛？

你年轻，就可以不用承担任何责任，没钱了跟父母要，惹事了就逃避，以为这个世界所有人都是你亲爹亲娘，都能给你包容？

年轻，绝不是用来为自己开脱的借口，也不是用来掩饰自己懦弱的遮羞布，更不是用来包装自己胡作非为的理由。哪怕你再年轻，也应该遵守人类社会的相应法则！

不管是青少年、成年人，甚至老年人，每个人所犯的错误，自己都将会为之买单！

只是，有的犯错像是投资，最后获得了成长的回报；而有的犯错就像犯傻和犯罪，有时候还有补救的措施，有时候一念之差便跌入万丈深渊，从此再也没有犯错的机会。

4

其实，年轻只是一个伪命题，年龄上的小并没什么了不起，也不能成为一个人可以特殊的原因。

一个人真正的年轻，是心态上的积极进取，是精神上的乐观向上，是态度上的严谨对待，是斗志上的永不服输，是行动上的永不止步，是追求上的永无止境。

美国路人皆知的著名老太太摩西奶奶，曾是个从未见过大世面的贫穷农夫的女儿，二十七岁嫁给农场工人，生了十个孩子，擦地板、挤牛奶、装蔬菜罐头、做刺绣，粗活累活全干，就是没摸过画笔，也从未进过美术学院接受过正规训练。直到七十六岁时，因关节炎不得不放弃刺绣开始绘画，她的命运从此被改写——她大概是世界上入门最晚却最著名的画家之一。

我觉得这位八十岁的老奶奶很年轻，因为她给予我的感觉是每天都在进步。

如果你说年轻就意味着有很多的时间，有很长的生命，那你就错了。这位老太太活了一百零一岁，从七十六岁开

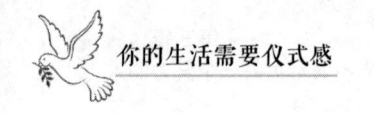

始画画算起,她画了二十五年。生命对一个人来说,是随时随地稍不留神都可能失去的,我见过不少二三十岁出头的青年人离开了这个世界。

我们也不要用年轻给自己开脱,年轻不是一事无成的理由。很多功成名就之人,在少年时期便崭露峥嵘,更有甚者,其少年时期取得的成就令人膜拜仰望。最著名的例子当数写下不朽名篇《滕王阁序》的王勃,才华横溢,但二十六岁时他便撒手人寰。

年轻与否真的没那么重要,也根本代表不了什么,如果非要给年龄上的优势一个说法,在我看来,年轻唯一的好处就是:父母健在,并且还能够让你依靠,你可以有一个无条件支持你、无条件包容你的人罢了。如果你所犯的错误超过了他们承受的能力范围,最终你还是要自己负责。

面对现实吧,年轻人,你根本没有任何资本任性,更没有任何资格任性!哪怕现在我们鼓励你犯错,那也只是因为对你寄予了更多的希望,而为了这个希望,父母愿意为你铺平相应的道路——与其说犯错是你的权利,不如说是父母在付出!

如果你误解了这些鼓励,其实是对长者的辜负,也是对自己的耽误。因为,哪怕是天底下最糊涂的父母,也绝不会希望自己孩子的犯错与成长和前途无关，甚至适得其反。

所有被鼓励的犯错，绝不是青春的无耻、无知与无情，而是成长的激情、勇气与坚持！

5

我们鼓励年轻人犯错，那是鼓励敢于在科学研究、真理探求上向所有的可能性进击！

我们鼓励年轻人犯错，那是鼓励敢于在追求理想、实现自我的道路上永不言弃！

我们鼓励年轻人犯错，那是鼓励敢于在维护正义、保家卫国的选择上无所畏惧！

是的，年轻人可以犯错，也应该鼓励他们犯错，但绝不是任何错误都可以被鼓励、被包容。他们所犯的错，都应该有利于他们的成长，有利于他们的进步，不违背社会道德与良知，不损害国家和他人的利益，不伤害自己的父母和朋友，坚守正义，恪守做人的底线。

如果不是这样，你犯过的错所造成的伤害，最终都将全部嫁接到自己的人生上。比如我的一位邻居，年少时与

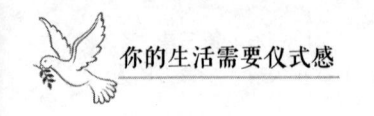

人斗殴被打伤了一条手臂，好好的年轻人变成了残疾人。

犯罪了，你得自己为此付出代价，牢狱之灾没有人能够替你；如果失去了健康，你得用一辈子买单，甚至以付出生命为代价——失去了朋友，失去了亲人，你终将孤独无援。

说白了，年轻真的没有任何资本，哪怕你觉得出事了也有人为你解决，那只不过是在你的身后站着你的父母。所以，你绝对不能将此当成自己无法无天的理由。

而在还有父母给你撑腰时，你不应该践踏这个机会，更不应该浪费——相反，你应该好好利用，让自己更好更快地成熟起来，让自己积累起更多的资本，让自己终将在一个人面对这个世界的时候，有足够的底气去过得更好！这才是年轻人应该具备的思维能力和处世态度。

年轻人，你可以犯错，但请不要犯傻，更不要犯罪。

一切都是最好的安排

1

今年春节,我拜访了一位老师。

学生拜访老师,话题总是离不开曾经的同学。距离高中毕业已经十余年,同学们早已成家立业,他们现在的发展状况当然是老师最关心的了。

交谈中,我们说到了一位李姓同学。老师听到他的名字,感叹一声:"那是个很糟糕的学生。"

我们当中有一个同学说:"老师,说来你不信,李同学现在可能是咱们班学生中混得最好的。"

老师笑了笑,没有说什么,但我从他的神色中可以看出来,他似乎有话要说。

我觉得在老师眼中,每一个学生都是平等的,每一个学生都是具备无限可能的，作为老师应该做到有教无类，平等去对待每一个学生，不管他学习好还是学习差。毕竟，人是有差异的，我们不能要求每个人都善于学习，都能考上好大学——当老师将"糟糕"二字放在一个学生身上的时候，这令我很难接受。

社会常识早就告诉我们，永远不要去定义一个人，因为他的未来你无法定义。

前几天在网上看了一个短片，这是一次同学聚会，曾经的差生成了亿万富豪，曾经的优等生只是一名普通的上班族，甚至还在为孩子上学的事情四处托人找关系。

短片的意思很明显，尖锐地指向了差生与优等生这个对立性的话题：社会不同于学校，不是你学习好就能在社会上混得好的。

但看完短片，我却不由自主地问自己：那些赚了钱的同学就是成功的吗？

短片中，那几个差生成了富豪，穿着奢华，身边有美女簇拥，对人吆五喝六。而那个曾经的优等生，戴着眼镜，样子斯文，对人彬彬有礼，处事不失分寸。

没错，虽然他经济条件一般，没钱没势，但他就失败了吗？如果这样定义，这和我们一直所批判的，有的老师喜欢分别优等生与差生又有什么不同？绕了一圈，愤愤不平的批评家不是又绕了回去，用同样的逻辑来评判，只不过把学校的小圈子换成了社会的大舞台而已！

曾经，我们以学习成绩的好坏去定义他们；如今，我们以是否能赚到钱来定义他们。

2

我和李同学早已没有了联系，从其他同学那里得知，他确实混得不错。

高考那年，他甚至没有达到本科分数线。复读一年后，他去了南方某所大专院校读书。大学毕业后，他没找到工作，就在当地打工。我不知道其中的曲折，只知道他后来做服装生意，又做餐饮，然后开连锁店，最后做了高档酒店。短短十年时间，有的选择继续深造的同学才刚刚博士毕业，而他已经赚得盆满钵满。单纯从赚钱的角度去看，他确实可能是混得最好的。

一提到他，其他同学都满脸羡慕，没想到老师眼中特别糟糕的学生，一个曾经被大家瞧不起的同学，现在赚了

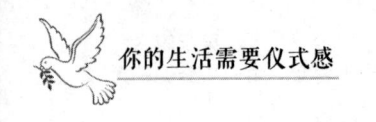

大钱，买了大房子和豪车。在大家看来，他无疑是成功人士。

我又想起老师欲言又止的表情，不禁问自己：那些糟糕的学生都成功了吗？

我想未必。如果仅从赚钱的角度去看，确实存在一些特别励志的事实，那些老师眼中所谓的差生到了社会上如鱼得水。不可否认，那些所谓的糟糕学生，步入社会后往往胆子更大，顾虑少，不讲常规，在机会面前比好学生敢下手，所以，他们中的某些人确实可能迅速积累起巨大的财富走上人生巅峰，成为我们眼中所谓的成功人士。

但如果就此下结论，未免太过于狭隘，成功直接等于钱，想必大家也不会同意。

据我观察，这些暴发户，有钱了却缺乏自我约束、自我规划，在婚姻家庭方面也缺乏责任感和使命感，搞婚外情的屡见不鲜。就拿我所知道的一位马姓同学来说，他确实很有钱，但是到现在为止，他已经结过三次婚了——虽然他没有读过任何一部完整的法律法规，却对"婚姻法"、夫妻财产分配等问题特别熟悉，甚至称得上专家。

他成功了吗？如果一个人除了钱之外在其他方面一塌糊涂，未必不是失败！并且，谁又知道他们坐拥的金山银海是怎么来的？这话虽然尖锐，却也深刻。我们不能仅仅因为他现在拥有一切就定义他是成功的典范,学习的榜样,奋斗的楷模。

一个人的成功,除了有足够的物质财富,还应该能够踏实、舒心地享受这一切。并且,他还应该有一个完满的家庭,有人跟他喜悦地分享这一切。因为,孤独的魔鬼永远也不配谈成功。

退一万步说,哪怕他可以定义为成功,那成功人士也绝对不能等同于人生赢家。

毕竟,成功不等于幸福。而一个人如果不幸福,才是人生最彻底的失败。

3

后来,在电话中我和老师又聊到了这个话题,老师的说法与我所想的大致相同。

老师解释,为什么他会说李同学是一个糟糕的学生。学习差的学生未必是坏学生,学习好的学生也未必就是好学生——一个学生的好与坏,无关学习,而是他应该有责任感,有正义感,有美好的道德和情操,有自由的精神和

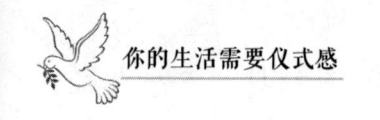

对美好的向往，善良孝顺，懂得是非爱憎。

至于赚钱或者做学问，那是个人天赋的问题，未必是每个人都能做得好的。一个冷酷无情的毒枭不是好人，同样，一个凶残恶毒的高才生也不能称为好学生。所以，学习只是评价一个人时很小的一个方面。

李姓同学在校学习期间成绩糟糕不说，品性也十分恶劣，没有丝毫的责任感与集体荣誉感——曾经因为惹是生非被叫家长，他竟然当着老师的面骂父亲多管闲事。

是的，今天的他确实有本事赚钱了，但这样的人永远也不值得我们羡慕。

我眼中成功的学生，当然包括升了官、发了财的学生，也包括那些虽然做着平凡工作，却兢兢业业、精打细算过日子的学生。

学习成绩差，却当了老板或升了职的同学，他们是励志的榜样，让我们看到了一个人有更多的可能性；而学习成绩好，现在却做着平凡工作的学生，能够靠自己经营着小家庭的幸福，也让我们看到了生活的更多可能性。是的，是他们后期形形色色的发展告诉我们，成功的标准不是只有一个。

富可敌国未必是成功，养家糊口也未必是失败。我们可以批评一个人的为人处世，批评他没道德、没操守、没良心，却不能批评他的不堪现状，以物质的匮乏定义他人生的失败。

赚了大钱的坏学生，我们不必去羡慕；精打细算过日子的穷学生，我们也不必瞧不起。人生很短也很长，一个人的活法也多种多样。只愿我们，不管自己的天赋如何，处境怎样，贫困还是富有，疾病还是健康，都能守住心灵的纯净、家庭的温暖和良知的美好。

成功的标准可能有很多种，但唯有心中富足，岁月安好，才是人生赢家。

普通人更应该懂得经营自己

1

有段时间，我突然迷上了读历史，尤其是读那些关于经世治国的大文章,看历史上优秀的人翻云覆雨,指点江山,逐鹿天下。先秦战国,前有商鞅变法奠定秦朝一统天下根基,后有张仪苏秦合纵连横演绎风云天下。至于耳熟能详的三国卧龙凤雏幼麟冢虎①四大人杰,得一人可安天下已成美谈佳话。

人才,对每一个朝代、每一个国家而言,重要性不言而喻。

"江山代有才人出,各领风骚数百年。"但能够执牛耳号令天下者,可遇不可求——并不是每一个人都有机会、有能耐去承担历史使命,操纵风云,书写历史。

对我而言,却更喜欢一句话:达则兼济天下,穷则独善其身。

换个说法,如果你有天纵之才,当然应该站在时代的风口浪尖上,去操控这个时代的命运;如果你只是普通人,就应该站在自己命运的风口浪尖上,你不能改变世界,却也应该努力去让自己变得更好——有大才智大谋略者,当然谋天下;有小能耐如我辈者,也应该谋幸福。

---

①【注释】卧龙凤雏幼麟冢虎:指的是汉末三国时期的诸葛亮、庞统、姜维、司马懿。诸葛亮,号卧龙;庞统,号凤雏;姜维,号幼麟;司马懿,号冢虎。

哪怕只是一株狗尾巴草，也应该努力让自己开出一朵最漂亮的狗尾巴花！

2

每年高考总有这样一些乱七八糟的新闻跳出来：某某参加第 N 次高考，绝对"钉子户"。

一些莫名其妙的记者就开始歌颂之能事：年届花甲还参加高考，风雨不改，令人敬佩。

但看到这样的新闻，我不由感到一阵恶寒，脑袋不是有问题吧？这纯粹就是为了玩弄高考而已——考了几十次，次次考几十分，你到底为考试付出了多少？

说句公道话，如果用几十年的时间去专注一件事，虽不说成就非凡，但也应该有所建树。哪怕像杨善洲先生一样到荒山上去种树，几十年时间也能够成为一片绿洲了，不至于一事无成。

请原谅我的直接，这不是努力，这只是哗众取宠，自欺欺人，愚人愚己。

作为一个对自己人生负责任的人，正确的打开方式是：

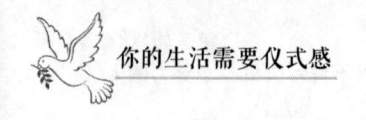

好好去经营当下的自己。

善于经天纬地的人才，经过苦心经营，可以改变一个民族、一个时代、一个国家。作为普普通通的老百姓，不能经营一国，但可以经营一家——可以让一个人，一个家庭慢慢变好。

人活一世，即使渺小如墙角的昙花，也应该倾尽所有，哪怕只争一秒的璀璨与光华。

3

古人云，修身齐家治国平天下。我觉得，作为一个人才，至少也应该有这样的经营思路。

修身，外修身型，内修品性。一个人，如果邋里邋遢，蓬头垢面，或大腹便便，至少从外表上看他是一个糟糕的人——这样的人哪怕才高八斗，也多半被外表所拖累，可能很难有建树。

我有一个朋友，人长得很丑，上学的时候，女同学见了他都绕道走。但最近几年，他强于健身，如今走起路来，昂首挺胸，自信满满，背心里是六块腹肌，交的女朋友很漂亮。有人说，没有丑女人，只有懒女人。同样，没有丑男人，只有邋遢男人。

改变外形之后，还得注意品性的滋养。话说，人丑就该多读书。其实，这句话说得比较笼统，作为一个优秀的人，内修品性就是打造自己的一技之长。对我而言，读书也是一种技能而已。

我经常看《中国达人秀》，特别佩服那些开挖掘机的、放羊的、耕田的人，他们能把一件小事做得令人不可思议。这是为什么？这是专业的力量，是专注的力量。他们没有什么大才华，没有什么大智慧，但是，凭着一辈子想做好一件事的专注与信心，他们就做得比别人更好。

有一技之长的人最有魅力，尤其是他们的一技之长能够达到令人惊叹的地步的时候。想想看，一个开挖掘机的人，能够驾驶硕大的机器去打开一瓶啤酒的盖子，这简直是一种艺术。

当一个人可以无限地沉醉在自己的世界里时，哪怕他不是天才，也足够迷倒众生。

当从外表到内在变成一个受人欢迎的人之后，下一步就应该让家庭幸福了。因为，让一个家庭幸福，不光是女人的责任，也是男人的使命。

如何让家庭幸福，没有钱，我们想办法赚钱；不够团结，我们想办法让家庭团结。我相信，只要你足够用心，在这个和平的年代，这就不是事。当然，如果你野心勃勃要成为马云，那就另当别论了。

至于平天下，那需要大才能、大智慧，不是每个人都能够做到的。而有这种本事的人，自然也会有更加通透的看法。自知之明如我，在此不提一字。

4

我始终相信，一个人只要足够用心，于一技，能够有所成；于一家，能够得幸福。

有人言：给我二十年，我能让某企业成为全国一百强。那么，如果给你二十年，你能承诺什么？仔细想想，如果真的沉下心来，二十年，足够让自己成为一个更好的人，拥有一个更好的家。

前段时间，一位三十多岁的厨师朋友说，他想开餐厅，就是没有钱。

我给他算了算，他已经打了十六年工，哪怕他一个月只存两千块钱,这么多年也有三十多万了。但很遗憾,他现在居然连两万块钱都没有。

生命如河流,你不懂得经营,任其流淌,最终只能是竹篮打水——一场空。

有人抱怨:我没有才华。就因为没有才华,你才更应该懂得慢慢积累。如果你过目不忘、出口成章,随随便便画幅画、写幅字就能拿奖,还努力什么?

正如不健身的人抱怨:我不英俊。如果你都帅得跟刘德华似的,靠脸就能混饭吃,其他的说多了就都是废话。正因为你的长相先天不足,才应该更努力去外修身型、内修品性。

我相信,作为普通人,只要懂得经营,愿意经营,人生虽苦短,但一定能苦尽甘来。

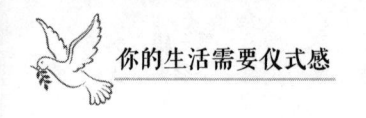

傻瓜才谈理想，成功者只讲目标

1

上个月，有位记者对我进行了一次简单的采访，他问我："你的理想是什么？"

我顿时蒙了，一时之间竟然不知道该如何回答。细细想来，越简单的问题往往越有杀伤力——就像"你幸福吗"一样，细细推敲你就会发现，你可能连幸福是什么都不知道，又如何知道自己是否幸福？对年过而立的我们而言，谈论理想似乎矫情得令人发笑。

你的理想是什么？这个问题，记得早在小学三年级的时候老师就问过我们。

那时候，那些稚嫩无比的孩子，奶声奶气却一本正经地谈论自己的理想：我长大了，要成为医生，像白求恩爷爷一样；我长大了要当数学家，华罗庚是我的偶像；我长大了，要成为一名像鲁迅先生一样的作家。

很多很多的理想，每一个都犹如黄金般闪闪发光。但彼时彼刻的孩子根本不知道什么是理想，他们不过是在谈论自己崇拜的某一类人罢了。或者，也可能是对某种完美生活的想象。

比如，我至今还记得自己小时候的理想，就是在全国每一座大中城市都有自己的一家旅馆、一家餐厅，这样的话，我走遍全国各地都有吃的和住的地方。

后来长大了，我知道想走遍全国各地都有吃的、住的地方，其实不需要开旅馆和餐厅，揣足钞票就行了。类似的想法不能叫理想，最多只能叫愿望。如果这样的愿望也能称之为理想的话，理想未免也太过轻浮了，根本靠不住。

理想是什么？理想应该是一种建立于理性精神上，对未来的规划设计，甚至实施。

为什么说是建立在理性精神的基础之上呢？因为，如果没有理性精神的支撑，我们所谓的理想，可能会沦为幻想、空想，甚至是妄想。理想，一定是你去追求就有可能实现的事情。但是，很多人在谈理想的时候，忘记了理想的前提，张口就来、闭口就忘。

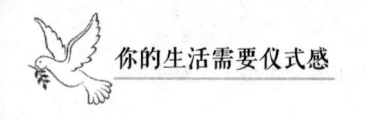

在谈论理想的时候,有几个人真正是建立在理性、规划与实施的基础之上呢?

2

当年,王健林因为"一个亿的小目标"而晋升为网红。当然,这其中有媒体人为哗众取宠引起话题和关注而断章取义的成分。事情的真相是这样的:王健林打比方说,如果你的理想是成为中国首富,那么,你不能总想着成为中国首富,而是想着怎样去成为中国首富。在这个过程中,你得给自己定下一些小目标,比如,第一步先赚一个亿。

理想只是一个宏大的蓝图,一个美好的愿景,一个缥缈的未来,一个诚实的愿望。但百丈高楼平地起,如何去实现自己的美好愿景和伟大蓝图,并不是光靠嘴巴就能实现的。千里之行,始于足下——哪怕是两层的楼房,也得靠一砖一瓦、一木一石的不断堆积才能起来。如果没有滴水成海的积累,没有日复一日的不断进取,再美好的愿景也只能是泡影。

记得我有一位高中同学,此君最大的目标是考上清华。

那时候，我们刚刚上高一，对学习的紧迫感还没那么强，但这位同学早早地就订立了目标，我们还在贪玩的时候，他已经在刻苦努力学习了。

有一次班会上，老师问他："既然你想上清华，那你现在有什么打算。"

这位同学很老实地说："我不知道怎样才能上清华，但我首先要保证成为这个学校的第一。如果这个学校有人能上清华的话，我希望那个人一定是我。"这话说得清新脱俗，让人震撼。

当我们谈理想的时候，理想真的太肤浅了，轻描淡写得犹如意淫某个影视明星。

我们根本没有把这种美好扎扎实实地身体力行，而实现它的唯一办法，是设立一个又一个的小目标，并一个又一个地去实现，从而最终建立起到达彼岸的桥梁，通往理想的殿堂。

空想成不了任何事，憧憬也起不到什么作用，再美好的想象，唯有付诸实践才能绽放光芒——哪怕是一部以幻想为题材的小说，它的诞生，也需要创作者一个字一个字地写出来。

3

现在很多人都不愿意谈论理想了,你跟他谈理想,他会无奈地来一句:戒了。

有人觉得这是社会的无奈,也是我们活着的辛酸——理想被现实生活逼迫得没有容身之地了。但是,当我们扪心自问,我们又为理想做过些什么?没有,真的没有,哪怕偶尔有一两个人回答有,也是违心回答的。

千万不要急着去批判我们为理想付出了多少,因为我们甚至都不知道该怎样去付出。很多人把理想停留在了理想的层面,而没有把它分解进步步推进的工作流程。

我有个小表妹,中考的时候考了全省前十,进了重点高中。前段时间,我问她的理想是什么。她鄙视地看着我,说:"表哥,你也太 LOW 了,现在谁还谈理想啊,那都是哄小孩的。"

我顿时感觉到代沟的莫测高深,想想我也算是与时俱进的人,竟被一个小女孩说成这样。

我厚着脸皮调侃她:"你们这些 00 后到底在想什么,

不谈理想,那谈什么,谈恋爱吗?"

小表妹不屑地看我一眼,说:"当然是谈目标了,理想那么空,你谈得清楚吗?"

听她这么一说,我顿时觉得像被什么东西抽了一下。周星驰说,一个人没有理想,和案板上的咸鱼没有什么分别。但一个人如果只有理想,那也就是一条准备成为咸鱼的死鱼罢了。

小表妹说理想她就不谈了,她的目标是出国留学。为了这个目标,在她高中的三年里,首先她得保证自己的英语能够达到自由交流的程度。为了这个目标,她得每天背二十个单词,背一篇英语短文,写一篇英语短文。这个目标特别具体,环环相扣。

理想太抽象、太不可捉摸了。而目标,才是你可以大踏步向前去追逐的东西。

4

仔细想想那些社会上成功的楷模、励志的典范、奋斗的标杆,其实他们共同的特质是目标特别明确,处事往往

也是步步推进，扎扎实实。我不知道他们是否存在理想，如果存在的话，理想对他们来说似乎也没有那么重要，或者不是特别强调——理想只是像价值观一样，高挂在他们灵魂的上空，主导着他们人生的大方向，决定命运关键时刻的大是大非。

但在实现人生价值的过程中，目标就像他们人生中的一个又一个台阶，需要不断跨越。

好几年前，我去某大型企业面试，其中一个环节是所有的面试者在一起，各抒己见，畅所欲言，谈谈自己的理想、目标和打算。

其中一个小伙子谈了半天理想，却被主考官打断了。主考官说："你的理想到底是什么，我们一点也不关心，我们关心的是，未来五到十年，对于你自己，你如何来提升自己的能力；对于公司，你如何通过自己的努力为公司做贡献。"

理想容易让人迷失，目标才是前进的灯塔——每一个小目标，照亮每一个阶段的路。

对于很多务实的成功者而言，千万不要跟他们谈论理想。出于礼貌，他们可能会跟你谈得不亦乐乎，但你会发现，他们所谈的理想，很可能局限于人类社会的美好愿景——那几乎是每一位哲学家或者诗人才能够说出来的动听话语，也几乎等同于经过华丽包装的废话。

如果你向他们求取成功的圣经，你就会发现，贯穿始终的永远是对目标的追求。

如果你想成为一名作家，你得想办法写出几本书来，然后想办法出版；如果你想成为一名医生，你得想办法考上医学类大学，毕业后到医院参加工作；如果你想成为下一位全国首富，你必须辞去那份朝九晚五的工作，然后开始经商，就像王健林说的，先赚一个亿；如果你想成为一名影视明星，你得想办法考上北影或中戏，再不济，你得到横店跑跑龙套等待机会。

姜文打算做导演之前，特意到美国找到斯皮尔伯格，问他怎么才能成为一名导演。斯皮尔伯格只对他说了一句话：Do it！后来就有了《阳光灿烂的日子》，有了《让子弹飞》。

去做，是所有成功者的共性，只有傻瓜才谈理想，成功者只讲目标，他们都在追求目标的路上。

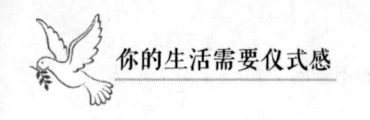

愿世间所有美好，都恰逢其时

1

楼下有个小男孩，五岁多，长得特别帅，像混血儿——大眼睛、高鼻梁、皮肤白，模样别说有多机灵了。如果他静悄悄地坐在那里不说一句话，估计全世界的人都会爱上他，但如果你跟他搭上几句话，好感瞬间全无，甚至你直接想抽他两耳光——这个孩子非常以自我为中心，说话尖酸刻薄，尤其是对照顾他的奶奶，稍有不满就会对老人家又抓又挠，大声咆哮。

每次见到他，我都怀疑上帝在这个孩子身上放了两种极端的性格。

不管是小孩还是大人，有一张俊俏迷人的脸当然是一件赏心悦目的事，有时候，我们甚至可以说，容貌可以决定一个人的命运，长得好看也是一种幸运。但是，如果仅仅只是长得好看，性格却十分恶劣，可能给人的感觉就会背道而驰，甚至相去十万八千里。

从心理学上说，人们之所以喜欢美貌，那是因为美貌可以给人心理上的愉悦。但是，如果糟糕的性格让人讨厌，这种感受便会被厌恶所取代，美貌也因此会在人们的心目中荡然无存。毕竟，所谓的好看，说到底也只是一种心理感觉。

情人眼里出西施，也是这个原理。

2

颜值可以决定你是否能顺利出发，但性格才能决定你是否能走得更远，走到最后。

那什么样的性格是可爱的性格呢？其实，我们每个人都可以罗列出一大堆来，简单地说，那些让我们觉得舒服的人的身上到处都是答案：大度、幽默、豁达、随和、礼貌、阳光、谦逊、善良、感恩、奉献。相反，固执、刻薄、自我、卑鄙，就不那么讨人喜欢了。

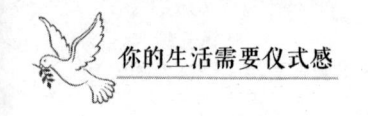

那些性格可爱的人，耿直而懂得委婉，好强却知道谦让，自信但并不盲目。

那些性格可爱的人，自强也能够自嘲，自由也能够自律，成熟却不失天真。

那些性格可爱的人，都有自己明确的世界观、人生观和价值观——他们爱祖国，爱父母，爱自己；他们有个性也有担当，有野心也有良心；讲利益，也讲道义。

他们为人处世从自己出发，为他人着想。他们让人觉得容易亲近，自带光环。他们就像阳光，总是传递给身边每一个人积极向上的正能量。他们出走半生，依然少年，初心未变，壮心不已。

3

在教育孩子这个问题上，很多家长做得很好。不管她的孩子是不是真的长得不好看，但作为父母，她无疑给孩子灌输了一个非常正确的理念：长得好，是父母的基因，是上天的恩赐，它决定了你的起点。但作为孩子，这不应该成为你充满优越感和自我膨胀的理由，毕竟长得好看不是你取得成功、活得精彩的决定性条件。你需要美好的性格，才能成为一个被人们喜爱的人。

教育孩子如此，那么活在社会中的成年人，自我塑造和完善又何尝不是如此？

记得以前看过一个选秀节目，有一个女孩子因为长相而自卑，戴着面具上台唱歌。相对她天籁般的歌声，她不想让人们看到她平凡的样子。当时作为评委之一的刘欢站了起来，他脱掉外套，站在台上，说："如果这个舞台只看长相的话，我刘欢不可能走到今天。"

我们喜欢刘欢，喜欢的是他深厚的音乐造诣，以及他在舞台上的完美演绎和强大的自信。除非特别极端，没有一个人会因为长相而去讨厌另一个人。

娱乐圈还有一个特别让人深思的现象，那些处心积虑整容、想让自己变漂亮的人，一般都会越混越差。相反，那些坦然面对长相，修炼演技、刻苦勤奋的人，事业越来越好。

爱美之心人皆有之，但一个人的美，不仅仅指容貌的美，关键在于性格的可爱。再美的容颜，也经不起岁月的变迁，哪怕你苦心孤诣地制造美丽，终究也会"成也在此，败也在此"。

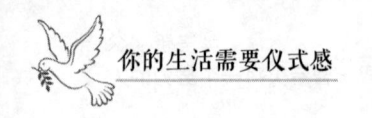

希望每一个人都在自己该有的年龄里，活出最美的自己；希望每一个人在那些大家欣赏的人身上，找到自己不断进步的方向。虽说江山易改，本性难移，但我们可以通过不断地提高自我修养，扬长避短，实现完善。

愿你垂垂老矣，依然受人爱戴。

生在这个时代，我觉幸甚

每个人都可能找到一千个吐槽时代的理由，但别否认，我们正处于一个最好的时代。

物质的富裕纵贯城市和乡村，我们可以理直气壮地说：这是一个饿不死人的时代！哪怕是那些满腔怨言的年轻人，吐槽房价高涨、抱怨工作压力等，但他们也不能否认，我们这个时代前所未有的富足、开放、便利和包容。

在我的老家，那些七八十岁的老人谈起现在的生活状态，满脸的皱纹都能洋溢出花朵来，尽是满足和感恩。是的，经过几十年的发展，现时代的物质积累已经达到了能够满足人们生活需要的水平。所以，我们有时间和精力来调侃世界，谈论社会，讨论人生，憧憬理想，揶揄是非。

生在这个时代，对读书人而言，只有幸福的烦恼，而没有无书可读的困扰。

我虽然遗憾不能和李白对酒当歌，和曹操煮酒论英雄，但一点也不影响他们把最好的东西已经跟我分享了。所以，我固然向往剑桥河畔的金柳，仰慕未名湖畔的夕阳，但作为一个读书人生在这个时代，我在西部高原的天底下和天下学子一样，共享这个盛世。

生在这个时代，我觉幸甚——随便你学，随便你想，随便你讲。如果有人说，各种生活压力大，存在各种不公平的现象等，我只想说，哪怕贵为锦衣玉食的公主王子，每个人都会有自己的忧虑、有自己的不满足，但你不能把自己的私欲难填、才华不足归咎于这个时代。

生于这个时代，我觉幸甚——哪怕我碌碌无为，哪怕我活得憋屈，时时感到郁郁不得志，但是，我从不想将这个责任归咎于我的时代。因为，它已经给我提供了一个前所未有的美好环境。

当我听到有人这样的抱怨、那样的吐槽时，我总是忍

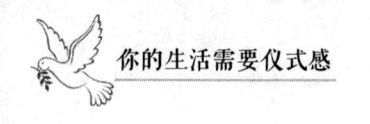

不住想立马怼回去。生在这个时代，我们真的不能再贪图太多，你想经商，天下都是你的场子；你想搞创作，万里山河都可以付诸你的笔底。唯一的问题是，你是不是那块料。

也许有人说，经商，我缺少资本；创作，我无法静下心来。如果把这一切都归责于时代的话，我想，这个世界就不会有李嘉诚，当然，也不会有今天的马云，还有作家莫言。关键是，你不是那块料。

你不能把自己不如竞争者，归咎于世道的不公平和时代的不厚道。

这是一个浮躁的时代吗？不，这只是个人的浮躁，这只是个人的急功近利！我们永远也不能把这一切说成是时代的风气，毕竟，如果你是真正的有心人，何不来一次"虽千万人，吾往矣"！归根到底，还是你按捺不住寂寞，禁不住诱惑，守不住你那颗梦想"红杏出墙"的心。

这是一个最好的时代，这是一个不可以再被辜负的时代，既然热衷文字江湖、鲜衣怒马，我愿以诗为酒，故事当肉，饕餮天下文章。